공기를 팝니다

브래드 피트가
심은 나무는 기후변화를
막을 수 있을까

공기를 팝니다 — 브래드 피트가 심은 나무는 기후변화를 막을 수 있을까

지은이 케빈 스미스 옮긴이 이유진 최수진 펴낸이 정철수 펴낸곳 편집 기인선 최대현 이다비 디자인 오혜진 마케팅 김둘미
첫 번째 찍은 날 2010년 4월 16일 등록 2003년 5월 14일 제313-2003-0183호 주소 서울시 마포구 서교동 396-47 1층
전화 02-3141-1917 팩스 02-3141-0917 이메일 imaginepub@naver.com 블로그 blog.naver.com/imaginepub ISBN 978-89-93985-22-1 (03530)

• 표지와 본문 용지를 재생종이로 만든 책입니다. 표지는 앙코르지 190그램이며, 본문은 그린라이트 80그램입니다.
• 값은 뒤표지에 있습니다.

공기를 팝니다

브래드 피트가
심은 나무는 기후변화를
막을 수 있을까

케빈 스미스 지음
이유진·최수산 옮김

이매진

일러두기
- 본문에 나오는 인명, 지명 등을 포함한 외래어는 원어 발음에 가깝게 표기했고, 필요한 부분에는 영문을 함께 표기했습니다.
- 단위는 국내 기준으로 바꿔 함께 표기했습니다.
- 각주와 용어 해설은 옮긴이가 쓴 것이고, 미주는 지은이가 단 것입니다.
- 본문의 밑줄 친 단어는 용어 해설에 자세히 설명했습니다.

차례

당신의 탄소를 상쇄합니다

2009년 12월, 15차 기후변화협약 당사국 총회에 참석하려고 덴마크 코펜하겐에 다녀왔다. 인천공항에서 코펜하겐까지 비행기로 8728킬로미터를 왕복으로 여행하면서 배출한 이산화탄소량은 2.668CO2톤이다.* 우리나라 국민 1인당 연간 온실가스 배출량이 12CO2환산톤**인 것을 생각하면 꽤 많은 양이다. 코펜하겐에서 기후변화에 대처할 새로운 의정서가 나올 것이라는 기대는 선진국과 개발도상국의 기후변화 책임 공방 탓에 여지없이 무너졌다. 인

---

* 항공 부문 이산화탄소 배출량(CO_2kg)=항공거리(km)×항공배출계수(0.152859CO_2kg/km). 이 공식에 따라 계산한 이산화탄소량은 다음과 같다. 8728km×0.152859×2(왕복)=2668CO_2kg.
** CO_2환산톤(CO_2eq톤). 이산화탄소가 지구 온난화에 미치는 영향을 기준으로 각각의 온실가스가 지구 온난화에 기여하는 정도를 수치로 표현한 것을 지구 온난화지수라고 한다. 이산화탄소를 1로 볼 때, 메탄(CH_4)은 21, 아산화질소(N_2O)는 310, 수소불화탄소(HFCs)는 1300, 과불화탄소(PFCs)는 7000, 육불화황(SF_6)은 2만 3900 정도다. 온실가스마다 지구 온난화지수가 다르므로 온실가스량을 측정할 때 이산화탄소를 기준으로 환산해 사용한다.

어공주의 도시 코펜하겐은 깨진 협약의 도시 '브로큰하겐[Brokenhagen]'이라는 오명을 얻었다.

돌아오는 비행기 안에서 내내 마음이 편치 않았다. 4만 5000명이 참석한 이 호들갑스러운 회의에서 우리가 얻은 것은 무엇일까? 이렇게 많은 사람들이 온실가스를 배출하면서 회의에 참석할 필요가 있을까? 나는 뭔가? 이렇게 비행기를 타더라도 기후변화를 막기 위한 활동을 하니까 용서가 되는 것일까? 배출한 탄소를 나무를 심어서 상쇄해야 하는 것은 아닐까? 상쇄 방식이 바람직한 것일까? 한 가지 확실한 것은 내가 비행기를 타면서 배출한 온실가스가 지금도 대기권을 맴돌고 있다는 사실이다.

'탄소 중립[carbon neutral]'은 자신이 배출한 탄소에 책임감을 느껴 상쇄하려는 사람이나 기업을 위해 만들어졌다. 그러나 탄소 중립은 우리도 모르는 사이에 면죄부가 될 소지가 있다. 탄소를 배출하는 행위는 고치지 않은 채 돈을 주고 배출권을 사는 것으로 자신이 해야 할 일을 다 했다고 믿는 것이다. 우리는 정말 '탄소 중립'이 가능한 일인지 근본적이고 진지한 질문을 던져볼 필요가 있다. 지금 당장 나무를 심고 에너지 효율을 개선하고 재생 가능 에너지 설치를 늘린다고 해서 우리가 배출한 탄소가 상쇄될 수 있는 것일까? 이 책은 그런 질문에 답을 하고 있으며, **탄소 상쇄**[carbon offsets]의 개념과 철학, 그리고 전세계에서 진행되고 있는 탄소 상쇄 프로그램의 실체를 다루고 있다.

인류는 2004년 한 해에만 온실가스를 490억 CO_2환산톤이나 배출했다. 우리가 배출한 이산화탄소를 모두 상쇄하려면 과연 어떤 수단을 선택해야 할까? 얼마나 많은 나무를 심어야 하며, 얼마나 많은 태양광 전지판을 세워야 하는 것일까? 저자는 인간은 지구의 **탄소 순환**carbon cycle을 완전히 알지 못하며, 화석연료를 태워서 배출한 이산화탄소와 나무를 심어서 흡수하는 이산화탄소는 다른 것이기 때문에 이 둘은 서로 상쇄될 수 없다고 주장한다.

탄소 중립은 탄소 거래를 통해 달성할 수도 있는데, 누군가가 줄인 탄소를 '자발적 탄소시장'에서 사는 방식이다. 그러나 지금의 탄소시장에서는 온실가스를 줄인다는 원래 의도는 사라지고, 배가 산으로 가는 상황이 벌어지고 있다. 저자는 탄소 상쇄 기업이 소비자에게 마음의 위안을, 기업과 정치인에게는 '**그린워시**greenwash' 수단을 팔 뿐 실제 대기 중의 온실가스는 줄어들지 않고 있다고 주장한다. 많은 사람들이 착한 뜻으로 자신이 배출한 탄소를 상쇄하려고 낸 돈이 실은 탄소 상쇄 회사 운영비로 새나가고, 나무를 심거나 탄소를 줄이는 일에는 아주 조금만 쓰인다는 사실도 알려준다.

잘못 운영되고 있는 탄소 상쇄 프로젝트는 가난한 나라의 지역 공동체에 오히려 큰 고통을 안겨준다. 이 책 전체를 통틀어 가장 인상 깊은 문구가 있다. "역설적이게도 자동차 연료를 구하기 위한 석유 채굴 때문에 쫓겨난 지역 주민들이 자동차 운전자들이 태운 석유를 '상쇄'하려는 플랜테이션 조성 때문에 또다시 쫓겨나게 될 판이다." 그래서 저자는 탄소 상쇄에 집중하기보다는 지금 당장 에너지 소비를 줄이자고 말한다. 더불어 정치적인 행동과 사회 변화를 통해 화석연료를 덜 사용하는 사회로 전환하는 것이 더 바람직하다고 주장한다.

한국에서도 탄소시장에 관한 관심이 뜨겁다. 2010년 한국에서도 탄소배출권 시범 시장이 열린 것이다. 《탄소가 돈이다》, 《자발적 탄소시장》, 《탄소 전략》, 《탄소배출권 사업 실천 요령》 등 탄소시장을 소개하고 활용법을 다룬 책들이 쏟아져 나오고 있다. 정부도 기업도 온실가스 규제 정책이나 에너지 수요관리 정책에는 시큰둥하다가도 탄소배출권 시장 이야기가 나오면 전에 없던 관심을 보인다. 한국 사회는 기후변화의 원인이 된 에너지 과다 소비나 지나친 자원 소비 시스템을 고치기보다는 기후변화 대응을 통해 파생될 새로운 시장이나 경제적 효과에 열광하고 집중한다. 탄소배출권거래제나 탄소시장에 관한 토론과 비판적인 검토 없는, 지나친 열광이나 무조건적인 수용은 바람직하지 않다.

세계 탄소시장을 주도하는 곳은 영국이다. 금융이 발달한 영국이야말로 탄소시장을 주도하고 싶은 속내를 숨기지 않는다. 그래서 그런지 탄소시장을 비판적으로 연구하는 NGO의 활동이 가장 활발한 나라이기도 하다. 2년 전, 카본트레이드워치^{Carbon Trade Watch}에서 활동하면서 탄소시장을 비판적으로 연구하고 있는 케빈 스미스를 만나 《공기를 팝니다^{The Carbon Neutral Myth}》를 받았다. 이 책은 탄소시장이나 배출권거래제^{Emission Trading}*의 밑바탕을 형성하는 개념인 탄소 중립을 집중적으로 다루고 있다. 탄소시장의 경제성과 효율성만 바라보며 열광하는 한국인에게 고민거리를 던져주고 있는 것이다.

부록으로 실린 케이트 에반스의 〈탄소 슈퍼마켓〉은 만화의 형식을 빌려 배출권 거래시장이 어떻게 작동하고, 대기를 상품화하는지 이야기하고 있다. 두 사람은 한국에서 이 책이 출판될 수 있게 기꺼이 허락해줬다.

번역을 하면서 우리 상황을 소개하는 게 책을 이해하는 데 도움이 될 것 같아 한국의 탄소 중립과 탄소시장 얘기를 간략하게 정리했다. 그리고 청파교회 김기석 목사를 만나 교회가 기후변화에 대응하려고 실천하는 일들에 관해 얘기를 나눴다. 청파교회의 탄소 헌금과 몽골 나무 심기 사례는 이 책에서 소개하는 탄소 상쇄 전문 기업의 해법하고는 사뭇 다르다. 기후변화 해법으로 '탄소 중립'을 어떻게 바라볼 것인가를 다룬 김기석 목사의 글도 실었다.

15차 기후변화협약 당사국 총회에서 선진국과 후진국은 온실가스 감축량을 설정하는 문제로 격렬하게 대립했지만, 시장 메커니즘으로 온실가스를 줄인다는 데에는 흔쾌히 동의했다. 앞으

---

* 시장에 기반을 둔 온실가스 감축 방법으로, 감축 의무가 있는 사업장이나 국가 간에 온실가스 배출 권리를 사고팔 수 있게 허용하는 제도다.

로도 시장을 통해 기후변화를 해결하려는 시도는 더욱 활발해질 것이다.

거침없이 내달리는 호랑이처럼 돌진해오고 있는 탄소시장. 그 시장은 기후변화의 대안이 될 수 없는 잘못된 시장이기 때문에 바리케이드를 치고 막아야 할까, 아니면 호랑이 등에 올라탄 채로 시장의 실패를 보완해야 할까. 여전히 혼란스럽다.

처음에는 시장주의적인 접근으로 온실가스를 줄이는 방안이 바람직하지는 않지만 온실가스 배출량 감축의 큰 축을 구성하는 산업계를 동참시키려면 어쩔 수 없는 선택이라고 생각했다. 하지만 이 책을 번역하면서, 시장주의에 근거를 둔 대안을 찾게 되면 우리가 통제할 수 없는 방향으로 상황이 흘러갈 가능성이 크다는 것을 알게 되었다. 더불어 기후변화의 답을 탄소시장에서 찾는 **신자유주의** 접근법이 목에 걸린 가시처럼 불편하다. 기후변화를 막으려는 인간의 자발적인 의지와 실천보다 시장을 더 믿고 의지하기 때문이다.

만약 내게 제한된 양의 돈과 열정과 시간을 주면서 기후변화를 막기 위해 무엇을 하겠냐고 묻는다면, 나는 기꺼이 지금 당장 에너지 수요를 관리하고, 대중교통을 변화시키며, 기후변화에 무책임한 산업계를 감시하고, 사람들이 기후변화 대응에 동참할 수 있게 조직화하며, 미래 세대인 아이들을 교육하는 데 힘을 쏟을 거라고 대답할 것이다. 시간이 별로 없다. 그렇기 때문에 기후변화를 막을 수 있는 제대로 된 길을 선택해야 한다. 우리 사회가 탄소시장을 맹목적으로 좇지 않고, 끊임없이 질문하며 더 나은 대안을 찾는 데, 이 책이 도움이 되기를 간절히 바란다.

2010년 2월 20일

이유진 · 최수산

봉건사회이던 중세 후기 서유럽은 서서히 중상주의 체제로 전환
되었다. 지금 우리한테는 아주 친숙하지만, 당시 중상주의의 등장
은 혁명적이었다. 그것은 유럽 전반을 뒤흔든 경제 세계화의 첫 물
결이었다.[1] 중상주의를 간단히 설명하면, 한 지역에서 구한 물건을
그 물건이 흔치 않은 다른 지역에 훨씬 비싼 가격으로 파는 경제
체제다. 재정 부족으로 어려움을 겪고 있던 가톨릭 교회는 막 싹트
기 시작한 시장 질서를 이용해 경제적 이득을 얻기로 결정했다.

　가톨릭 교리는 사람이 죽은 뒤 영혼이 연옥*에서 머무는 기
간을 단축시키거나 없애려고 벌을 받거나 죄를 회개하고 있다는

---

*　죽은 사람의 영혼이 천국에 들어가기 전에 남은 죄를 씻으려고 불로 단련을 받는 곳.

것을 세상에 알려 보속*해야 한다고 말한다. 이 논리에 따르면 성직자들은 자기가 짓는 소죄**보다 더 많은 보속 행위를 하고 있으므로 '착한 행위$^{good\ deeds}$'가 남게 된다. 남은 '착한 행위'는 중상주의의 원리를 마음껏 활용해 돈을 가진 죄인들에게 면죄부로 팔 수 있었다. 면죄부 판매에서 죄인들이 참회하는 시간이나 회개하는 마음 따위는 아무래도 상관없었다. 중세 영국의 시인인 제프리 초서는 《면죄부 판매인 이야기$^{The\ Pardoner's\ Tale}$》에서 교회가 사람들이 지은 죄를 이윤 창출 수단으로 삼으려고 시장주의적인 접근을 하는 모습을 보여준다. 2001년 브라질의 신학자 오데어 페드로소 마테우스$^{Odair\ Pedroso\ Mateus}$ 박사는 면죄부는 "은혜와 감사에 관한 것이 아니라 물건을 교환하는 것, 사고파는 것, 자본주의에 관한 것"이라고 지적했다.[2]

수세기가 지난 오늘날, 시장에는 탄소 상쇄라는 새로운 면죄부가 등장했다. 현대의 면죄부 판매인은 클라이미트케어$^{Climate\ Care***}$, 카본뉴트럴컴퍼니$^{The\ Carbon\ Neutral\ Company****}$, 카본클리어$^{Carbon\ Clear*****}$ 같은 탄소 상쇄 기업들이다. 스스로 자신을 '생태자본주의자$^{eco-capitalists}$'라

---

*   지은 죄를 적절한 방법으로 '보상'받거나 '대가를 치르는' 것.

**   고백성사를 하지 않고도 용서를 받을 수 있는 가벼운 죄.

***   클라이미트케어는 1997년 마이크 메이슨(Mike Mason)이 설립한 영국의 탄소 상쇄 회사다. 홈페이지는 jpmorganclimatecare. com이다.

****   카본뉴트럴컴퍼니는 1997년 슈 웰란드(Sue Welland)와 댄 모렐(Dan Morrell)이 설립한 영국의 탄소 상쇄 회사로, 원래 이름은 퓨처포리스트였다. 홈페이지는 carbonneutral.com이다.

***** 카본클리어는 2005년 설립된 영국의 탄소 상쇄 회사로, 홈페이지는 carbon-clear.com이다.

고 부르는 이 기업들은 온실가스 배출을 줄이거나 막을 수 있을 것처럼 보이는 프로젝트로 '착한 기후 보호 행위^{good climate deeds}'를 하고 있다고 주장한다. 도매로 발생한 배출권은, 다시 말해 상쇄 기업이 만들어낸 '착한 행위'는, 돈은 있지만 온실가스 감축에 책임질 시간과 여유가 없는 오늘날의 죄인들에게 소매가격으로 팔려 나간다.

대부분의 탄소 상쇄 제도는 이런 방식이다. 탄소 상쇄 기업의 홈페이지에 가면 간단한 탄소계산기가 있다. 탄소계산기로 특정 제품이나 활동 때문에 발생한 온실가스 배출량을 계산한다. 고객들은 자기가 배출한 온실가스를 '중립화'해준다고 약속하는 에너지 절약과 나무 심기 등 여러 프로젝트 중에서 하나를 선택할 수 있다. 마지막으로 프로젝트 비용과 중립화해야 할 자신의 탄소 배출량에 따라 돈을 내면 된다.

탄소 상쇄 기업은 대개 개인과 기업을 모두 고객으로 한다. 기업은 상품 생산과 서비스 제공 과정에서 발생한 온실가스를 중립화하려고 돈을 내고, 기후 친화적인 이미지를 마케팅에 활용할 수 있다. 이런 과정을 '탄소 브랜드화^{carbon branding}'라고 한다. 오늘날 탄소 상쇄 시장에는 이미 붐이 일고 있다. 2006년 첫 3분기 동안 전세계 기업과 개인을 합쳐 탄소배출권이 8900만 유로(약 1360억 원)나 팔렸다. 2005년에 견줘 300퍼센트에 가깝게 성장한 것이다. 이런 자발적 탄소 상쇄 시장은 3년 안에 4억 5000만 유로(약 6900

억 원) 규모로 성장할 전망이다.[3]

하지만 탄소 상쇄 산업에 종사하는 사람들조차 새로운 시장을 규제하고 감시하는 장치가 부족하다며 염려하고 있다. HSBC 은행의 탄소 중립화 계획을 기획한 탄소 상쇄 전문가 프랜시스 설리반은 "개인과 기업은 자기가 올바른 일을 하고 있다고 믿고 있겠지만, 실상은 그렇지 않다. 사람들은 믿을 수 없고 규제도 없는 시장에서 탄소배출권을 사고 있다. '**자연발생 잉여배출권**[Hot Air]'에 지나지 않는 것을 사는 사람도 있다"고 말했다.[4]

스코틀랜드 자산운용사인 스탠다드 라이프 인베스트먼트Standard Life Investments, SLI가 발표한 〈영국 증시 상장사FTSE All-Share의 탄소 경영과 탄소 중립〉이라는 보고서는 탄소 상쇄 제도가 "전지구적인 온실가스 배출 감축의 실패를 위장하는 능력이 있다"고 심각하게 경고했다.[5]

이 책은 탄소 상쇄를 중심으로 한 기후변화 대안에 근본적인 결함이 많다는 것을 여러 측면에서 조명하고 있다. 1장은 탄소 상쇄 제도가 대중을 어떻게 기후변화 위협에 둔감하게 만들고, '**평소와 다름없는**business as usual, BAU' 시나리오를 더 좋아하게 만드는지 살펴본다. 기후변화에 대응하려면 개인과 기관이 소비 방식뿐만 아니라 사회적·경제적·정치적 구조를 근본적으로 바꿔야 하는데도, 탄소 상쇄 제도는 상품과 서비스를 살 때 돈을 조금 더 내는 것으로 기후변화에 책임을 다했다고 믿게 만든다. 예를 들어 어떤 사람이 돈을 좀더 내고 '상쇄 석유'를 샀다면 그 사람은 석유를 얼마나 소비했는지는 걱정하지 않아도 된다. 왜냐하면 석유값에는 배출할 온실가스를 상쇄할 비용이 이미 포함되어 있기 때문이다.

요즘 가장 주목받는 상쇄 기업 중 하나는 예전에 퓨처포리스트로 불린 카본뉴트럴컴퍼니다. 2장에서는 이 회사의 운영 과정에서 벌어진 여러 문제점과 함께 기업의 수입 중 일부만 상쇄 프로젝트에 투입되고 있다는 사실을 다루고 있다.

초기에 탄소 상쇄 제도가 우호적인 평가를 받은 이유는 나무를 심는 일은 원래 환경 친화적이라는 인식이 바탕에 깔려 있었기 때문이다. 3장은 나무가 흡수하는 대기 중의 이산화탄소와 화석연료가 연소될 때 배출하는 이산화탄소를 동일시할 수 없다는 사실을 통해 탄소 상쇄의 과학적 근거를 비판한다. 또 대규모 플랜테이션의 일시적인 탄소 저장 능력 문제와 재생 가능 에너지 프로젝트, 탄소배출권 제도로 줄인 온실가스량 산출법이 어림짐작 수준에 그치고 있다는 점도 지적한다.

4장은 선진국이 개발도상국에서 벌이는 강압적인 개발 의제로 전락한 상쇄 프로젝트를 다루고 있다. 인도와 우간다의 플랜테이션과 남아프리카공화국의 에너지 효율 개선 프로젝트는, 실제 감축 효과나 지역 사회에 미치는 영향을 고려할 때 상쇄 제도의 이상적인 밑그림이 현실에서는 구현되지 않는다는 것을 보여준다.

5장에서는 정치적인 환경 캠페인에 스타 마케팅을 이용하는 것을 비판적으로 검토한다. 탄소 상쇄가 엄청난 인기몰이를 한 데에는 유명 인사들의 지지가 영향을 미친 게 사실이다. 덧붙여 온실가스 배출에 좀더 능동적으로 책임지려고 노력할 뿐만 아니라 자신이 하는 일에서도 기후변화 대응 실천을 확장하고 있는 예술가 두 명의 인터뷰도 실었다.

6장은 탄소 상쇄 제도를 비판하는 것에만 머물지 않고 건설적인 대안을 제시한다. 이 장에서는 탄소 상쇄가 아닌 다른 방법으로 친환경 경영을 실천해온 회사와 최근 다국적 정유회사 쉘[shell]을 상대로 승리를 거둔 나이지리아 오고니족 여성들의 사례를 살펴본다. 또 기후변화 해법이 왜 탄소 상쇄 제도의 범주에서 허용된 것보다 더 체계적이어야 하며, 더 많은 역량과 정치적인 참여가 필요한지 고찰한다.

탄소 상쇄 면죄부를 파는 것은 기후변화 대응에 필요한 우리의 행로를 방해하고, 막다른 곳으로 내모는 것하고 같다. 우리는 각자 탄소 배출량을 줄이는 일에 직접 책임을 져야 하며, 동시에 전체 사회가 저탄소 경제로 전환하는 데 필요한 정치적 조직도 서둘러 구성해야 한다.

그러나 탄소 상쇄 제도는 기후변화에 대처하는 우리의 행동을 진정한 사회 변화를 실현하기 위해 꼭 필요한 '지역 참여'와 '운동 조직'이 아니라 개개인의 일상생활에 집중하게 만든다. 이 책 덕분에 탄소배출권의 여러 문제점이 널리 알려져 우리가 진정한 기

후변화 대응에 나설 수 있고, '기후변화 대안 찾기' 논쟁에 불을 지
필 수 있기를 바란다.

1

타락한
기후변화 논쟁

"주유소에서
기름을
넣을 때마다

우리는
자연을
보전할 수 있다."

기후변화 대응의 성공은 개인과 사회가 얼마나 빠르고 깊이 있게 삶의 방식을 바꿀 수 있느냐에 달려 있다. 자동차를 중심에 두고 화석연료에 기반을 둔, 지나치게 소비하고 버리는 지금 같은 경제 체제를 그대로 유지하려고 하는 '평소와 다름없는' 시나리오에서, 실질적으로 배출량을 줄이는 방향으로 사회와 경제 체제를 재구성해 나가야 한다.

게다가 인류가 빠른 속도로 **석유 생산 정점**[peak oil]에 접근하고 있다는 증거가 꽤 많이 밝혀지고 있다. 인간이 석유를 처음 채굴했을 때부터 세계 석유 생산량은 해마다 늘어나고 있다. 순생산량이 감소하기 시작하더라도 석유 수요는 계속 증가할 것이 거의 확실하다. 수요와 공급에 관한 기초 경제 이론은, 석유 자원을 둘러싼 수요와 공급에 격차가 발생하면서 석유 생산 정점 이후 우리 삶이 상상 이상으로 혼란스러워질 수 있다고 말해준다. 지난 100여 년간 산업과 경제가 값싸고 풍족한 석유를 토대로 성장했다는 것을 생각해볼 때 석유 생산 정점의 파장이 무척 심각할 것은 분명하다.[1] 남반구보다 훨씬 높은 북반구의 소비 수준을 고려할 때 이런 충격을 줄일 수 있는 가장 빠르고 합리적인 방안은 선진국이 지나친 화석연료 의존도를 낮추는 획기적인 조치를 취하는 것이다.

기술은 저탄소 경제로 전환하는 데 중요한 구실을 한다. 에너지를 좀더 효율적으로 쓸 수 있게 하고, 소규모 재생 가능 에너지 시설이 빠른 속도로 발전하는 데 기여하기도 한다. 하지만 현재 적용할 수 있는 재생 가능 에너지 기술을 총동원한다 해도 필요한 에너지 수요 중 아주 조금만 채울 수 있을 뿐이다.[2] 이런 간극을 메우려면 지금 벌어지고 있는 기술 중심의 기후변화 대응이 반드시 '문화적 가치'의 전환과 함께 진행되어야 한다. 기후 친화적인 기술로 이행하는 동시에 에너지 소비를 극적으로 줄여야 한다는 것이다. 이것은 폭넓은 문화적 전환으로, 사회 전체가 에너지와 기후변화에 대응해 의식 있게 행동하며 낭비와 사치를 하지 않는 것을 의미한다. 그런 사회에서는 도시에서 스포츠 유틸리티 차량^{SUV}을 운전하거나 대수롭지 않은 이유로 단거리 비행을 일삼는 것이 쓰레기를 버리거나 음주운전을 하는 것하고 똑같이 무책임하고 반사회적인 행동으로 비칠 것이다. 또 대형 와이드 스크린 텔레비전을 사는 것보다 고효율 소형 풍력 터빈을 설치하는 게 남들에게 뒤처지지 않는 행동이 될 것이다. 정부가 유권자들의 신뢰와 지지를 바탕으로 다량의 온실가스 배출을 줄이기 위한 어려운 결정을 내리려면, 기후 친화적인 가치를 가장 중요하게 여기는 대중의 인식 전환이 절실하다.

'평소와 다름없는' 전략은 대안이 될 수 없다

이런 사회적 변화는 '평소와 다름없는' 시나리오가 더는 지속될 수 없다는 사실을 인정하는 것에서 시작한다. 탄소 상쇄가 기후변화의 올바른 대안을 찾는 것을 방해하는 이유가 여기에 있다. 탄소 상쇄 제도는 사람들에게 앞으로도 계속 에너지를 맘껏 쓰면서 기후변화에 효과적으로 대응할 수 있다고 말한다. 지금 같은 생활양식으로는 책임지는 삶이 될 수 없다는, 불편하지만 피할 수 없는 진실을 인정하기보다는, 돈만 내면 계속 이렇게 살면서도 기후에 관한 책임을 다 할 수 있다고 믿게 하는 것이다.

유명 인사들과 정치인들은 탄소 상쇄 제도가 기후변화의 유용한 대안이 될 수 있다는 메시지를 전하고 있다. 2007년 1월, 토니 블레어^{Tony Blair} 영국 총리는 개인 비행을 줄여 달라는 요청에 "사실 사람들에게 이런 실천을 기대하는 것은 좀 비현실적이라 생각한다"고 답해 언론의 비난을 받았다.[3] 이 일 때문에 자신의 친환경 이미지에 상처를 입은 총리는 며칠 뒤 가족과 보낸 휴가에서 배출한 탄소를 '상쇄'하기 위해 돈을 내겠다고 서둘러 발표했다.

틴달 기후변화 연구센터^{Tyndall Centre for Climate Change Research} 연구원인
케빈 앤더슨^{Kevin Anderson}은 "탄소 상쇄는 기후변화 문제를 해결하려
는 우리의 책무를 방해하기 때문에 위험한 유예 정책"이라고 말했
다. "탄소 상쇄 제도는 편히 잠들 수 없는 밤에 숙면을 할 수 있게
돕는다. 기후변화를 막으려고 일상에서 할 수 있는 모든 일을 다
한 뒤라면 이 제도도 대안이 될 수 있다. 하지만 우리는 아직 행동
을 바꾸려는 시도를 시작도 안 했다. 정말 기후변화를 막는 행동
을 하려면 G8 정상회담 참석자들이 타고 올 개인 리무진과 벤츠
는 필요하지 않았을 것이다. 그러나 탄소 상쇄는 이런 문제 제기에
나무를 몇 그루 심는다거나 그것과 비슷한 일을 하는 것으로 문제
가 해결된다고 말한다."[4]

좀더 책임감 있게 보이고 싶은 몇몇 탄소 상쇄 기업들은 상
쇄는 그저 자신들이 제공하는 여러 서비스 중 하나일 뿐이며 에너
지 효율을 높이는 방법과 에너지 소비를 줄이는 방안을 함께 추진
해야 한다고 말한다. 그러나 이런 문구는 대부분 눈에 잘 띄지 않
는 작은 글자로 되어 있다. 언론들도 상쇄와 관련한 비판을 다룰
때 말고는, 생활양식의 변화처럼 상투적인 기사보다는 매력적인
탄소 상쇄를 다루는 것을 더 좋아한다.

더욱이 지금까지 탄소 상쇄 제도 중에는 폭넓은 구조적 변
화를 이끌어내려고 개인들의 집단행동이나 정치적 참여와 조직화
를 추구한 사례가 없었다. 탄소 상쇄 제도는 기후 행동에 관련된

무거운 책임을 전적으로 개인에게 떠넘기는 구조다. 결국 이런 구조는 사람들의 정치적인 영향력을 축소시킨다. 탄소 상쇄 제도는 기후 행동을 하려는 사람들에게 금전적 가치를 할당해 지배적인 시장 논리에 교묘하게 흡수해버린다. 나를 대신하는 기후 행동 '전문가'를 모시려고 탄소 상쇄 기업 홈페이지를 방문한 뒤 돈을 내고 나면 애초에 기후변화를 일으킨 사회경제 구조 같은 근원적인 문제에 관한 질문은 더는 필요없게 된다.

탄소 상쇄는 기후변화 대응의 한 부분일 뿐이어야 한다고 말하는 탄소 상쇄 기업이 있는 반면, "카푸치노 한 잔 가격만 내면 5분 안에 당신의 집과 사무실, 자동차, 해외여행으로 배출된 온실가스 일주일분이 중립화될 수 있다"[5]고 하면서 "지구 환경을 보존하려고 편리한 생활을 포기할 필요는 없다"[6]고 주장하는 상쇄 기업도 있다. 카푸치노 한 잔의 환경 비용까지 상쇄하기 바라는 사람은 탄소 상쇄 전문 기업의 홈페이지를 방문해보라. 이곳에서는 커피 한 잔을 마시는 것부터 텔레비전 시청까지 현대 생활의 모든 면에서 발생하는 탄소를 상쇄할 수 있는 방법을 개발하고 있다.

저탄소 경제가 반갑지 않은 기업들

탄소 상쇄 제도는 주로 저탄소 경제로 전환하는 것을 늦출수록 경제적 이득을 얻는 산업이 이용하고 있다. 석유 회사와 항공사에게 탄소 상쇄는 자신들의 활동을 '그린워시'[7] 할 수 있는 절호의 기회다. 탄소 상쇄 제도를 통한 '탄소 브랜드화'는 기후변화를 직접 악화시키는 인간의 활동을 효과적으로 '중립화'해 마치 기후에 아무런 영향을 미치지 않은 것처럼 보이게 한다. 영국항공^{British Airways}은 항공세 부과에 반대할 뿐만 아니라, 고객들이 필요 없는 비행을 되도록 안 하려고 하는 것을 결코 반기지 않는다. 그래서 영국항공은 클라이미트케어와 손잡고 해외여행이 기후에 미칠 영향을 염려하는 승객들을 위한 비행 상품을 마련했다. 이 상품으로 영국항공은 좋은 평판을 얻고 있지만, 이것은 기업이 져야 할 책임을 규제되지 않으며 논쟁적인 '환경세'의 형태로 고스란히 소비자에게 떠넘기는 행위다.

클라이미트케어 책임자는 "다른 항공사들이 지구 온난화라는 현실을 외면하고 있을 동안 영국항공은 여기에 맞서 싸우고 있다"며 칭찬했다. 또 전 영국 환경부 장관인 엘리엇 몰리^{Elliot Morley} 하원의원은 모든 해외 여행객들이 비행 때문에 발생한 탄소를 상쇄할 것을 촉구했다.[8] 영국항공은 클라이미트케어와 제휴를 맺은 뒤에도 공항의 대규모 확장을 강력하게 추진했고, 단거리 여행지에 저가 노선을 도입했으며, 도시 간 통근자를 위한 노선도 증편했다. 그 결과 영국항공은 유류비가 오르는 상황에서도 2006년 3월까지 연간 세전 이익이 6억 2000만 파운드(약 1조 5000억 원)에 이르러 전년 대비 20퍼센트 증가했다. 단거리 항공 노선도 10년 만에 처음으로 흑자를 기록했다.[9] 이 기간은 영국항공뿐만 아니라 클라이미트케어한테도 확장과 수익 확대의 시기였다. 2006년 7월, 클라이미트케어의 데이비드 웰링턴[David Wellington]은 "지난 10~12개월 동안 탄소 판매가 열 배 증가했다"며, 이런 성장의 85퍼센트는 "온라인으로 팔고 있는 항공 상쇄배출권 덕분"이라고 밝혔다.[10]

자동차 운전자를 겨냥한 서비스도 비슷한 방식이다. 미국의 탄소 상쇄 회사인 테라패스[Terrapass]는 운전자가 자신의 운전 방식이 기후변화에 미치는 영향을 비판적으로 평가하게 하기보다는 "나와 내 차가 지구를 위해 좋은 일을 하고 있다"는 생각을 하게 만든다.[11] 2006년 7월, 클라이미트케어와 랜드로버[Land Rover]*는 "지금까지 영국 자동차 업체가 수행한 것 중 가장 큰 규모의 종합적인 탄소 상쇄 프로그램"[12]을 발표했다. 여기에는 자동차를 생산할 때 발생하는 온실가스와 운전할 때 배출되는 온실가스의 상쇄가 모두 포함된다. 하지만 이 프로그램은 기후변화 현실을 외면하는 행동의 상징이 된 비포장도로용 4륜구동 차량이나 SUV에 결정적인 그린워시의 단서를 제공한다. 2004년 그린피스가 의뢰한, 랜드로버에 초점을 맞춘 학술 보고서는 "비포장도로용으로 디자인된 자동차는 연료를 300퍼센트나 더 쓰고, 오염물질을 300퍼센트 더 배출하며, 사고가 났을 때 보행자를 죽일 가능성이 일반 승용차보다 세 배나 더 높다"고 밝히고 있다. 이 보고서는 또 "도시형 SUV를 운

---

* 2000년 포드 자동차가 인수한 SUV 전문 자동차 업체.

전하는 사람에게도 책임이 있으나 더 크고, 더 무겁고, 더 많은 오염을 가져오는 자동차를 시장에 내놓은 자동차 업체들에게 더 큰 책임을 물어야 한다"고 결론 내렸다.[13]

　　랜드로버의 모회사인 포드도 에너지 소비, 기후변화와 관련한 악명 높은 이력으로 미국 '열대우림 보전 행동 네트워크Rainforest Action Network, RAN'의 표적이 되고 있다. 2004년 '의식 있는 과학자연합Union of Concerned Scientists'이 발간한 보고서는 미국 자동차 산업 '빅 6' 중 포드가 최악의 온실가스 오염 실적을 기록했다고 밝혔다. 미국 환경청에 따르면 포드가 생산한 차량의 평균 연비는 갤런당 19.1마일(리터당 약 8킬로미터)로 주요 자동차 업체 중 꼴찌다.[14] 환경단체들한테 엄청난 비난을 받고 있는 기업이 클라이미트케어와 맺은 제휴로 얻게 되는 긍정적인 평판은 대단한 가치가 있다.

주유를 하면 배출한 온실가스를 상쇄해준다?

　　오스트레일리아에서 비피BP*가 추진한 '글로벌 초이스Global Choice' 프로그램에서 탄소 상쇄 제도는 화석연료 사용으로 무거워진 소비자의 마음을 달래는 수단으로 활용되었다. 비피는 무황 휘발유인 '비피 얼티메이트BP Ultimate'를 넣는 고객들에게 휘발유값에 이미 일정 액수의 기부금이 포함되어 있으니 "추가 비용 없이도 운전

●　영국의 석유화학 전문 회사로, 세계적인 에너지 기업.

자들이 배출한 온실가스를 알아서 모두 상쇄해줄 것"이라고 얘기했다.[15] 그러나 비피 얼티메이트를 주유했다고 해서, 비피가 당신을 대신해 관리해주기 때문에 휘발유 사용이 기후변화에 끼치는 영향을 더는 걱정하지 않아도 된다는 것은 말이 안 된다. 이런 메시지는 글로벌 초이스 프로그램에 동참하고 있는 다른 기업들의 광고에도 반영되어 있다. 배낭족 캠핑카 대여업체인 백패커 캠퍼밴 렌탈Backpacker Campervan Rentals이 하는 광고에는 "당신은 기름을 넣을 때마다 자연을 보전하는 일에 기여할 수 있다. ……당신의 오스트레일리아 여행이 자연에 무엇인가 돌려준다는 것은 얼마나 멋진 일인가!"라는 문구가 나온다.[16]

　자신을 대단한 친환경 기업인 것처럼 포장한 비피의 마케팅과 리브랜드 전략은 널리 알려지게 되었고, 곧 나쁜 평판을 얻게 되었다. 비피는 세계 최대 태양전지판 제조회사인 솔라렉스Solarex를 4500만 달러(약 510억 원)에 사들인 지 1년이 지난 2000년, 그 비용의 네 배가 넘는 돈을 리브랜드 작업에 쏟아부었다. 환경 친화적으로 보이는 새로운 슬로건 '석유를 넘어Beyond Petroleum'를 발표했고, 재생 가능 에너지에 관한 자사의 믿음과 노력을 강조하는 시리즈 광고를 방영했다.[17] 탄소 상쇄 프로그램 개발은 비피가 최신식 그린워시에 참여할 수 있는 더할 나위 없는 기회였다. 비피의 전무이사인 마이크 맥기네스Mike McGuinness는 "사실 대다수의 석유 산업 종사자들은 무척 환경 친화적이며 올바른 일을 하기를 바란다. 문제는 어

떻게 그 일을 할 수 있는가다. 청정 연료와 관련된 일을 맡기 전에
는 어떻게 변화를 이끌어낼 수 있을지 나도 몰랐다"고 말했다.[18]

비피 얼티메이트 사례는 근본적인 원인을 해결하지 않은 채
그린워시로는 진정한 기후변화 대응을 할 수 없다는 사실을 명확
하게 보여준다. 초기 이 프로그램은 비피 얼티메이트를 사는 모든
사람들에게 적용되었지만, 시간이 흐르면서 축소되어 비피가 발급
한 연료카드를 사용하는 고객한테만 제한적으로 적용되었다. 비
피 미래연료사업 고문을 맡고 있는 케린 쉬랭크[Kerryn Schrank]는 "근본
적으로 기후변화를 막아야 할 필요성"에는 동의하면서도 "소수의
일부 고객만이 비피 얼티메이트 프로그램을 들어본 적이 있고, 설
사 들었다 하더라도 이것을 온전히 이해하는 사람은 거의 없었다.
비피는 자신들을 위해 무슨 일을 하고 있는지 아무것도 모르는 고
객들의 탄소배출권을 사려고 많은 돈을 썼다"고 말하며, 그렇기
때문에 이 사업을 축소할 수밖에 없었다고 인정했다.[19] 비피한테
기후변화 대응 노력은, 비록 탄소 상쇄처럼 아주 모호한 방법일지
라도 고객들에게 무엇인가 하고 있다는 것을 보여주는 것 말고는
의미가 없었다.

비피 같은 기업에게 탄소 상쇄는 환경을 파괴하고 인권을 유
린했다는 불명예스러운 전력에서 손쉽게 관심을 돌릴 수 있는 방
법이다. 2006년 7월 비피는 61억 달러(약 7조 원)라는 기록적인 분
기별 수익을 달성했다. 2005년 3월 노동자 열다섯 명이 숨지고

170명이 다친 텍사스 비피 정유공장의 대규모 폭발 사고, 유독가스 방출로 합의금 8100만 달러(약 920억 원)를 지급한 캘리포니아 정유공장 사건 등 사건 사고가 잇따라 발생했는데도 수익이 급등한 것이다.[20]

　　2006년 3월, 비피는 알래스카 노스슬로프North Slope에 있는 미국 최대 유전인 푸르도만Proudhoe Bay에 27만 갤런(102만 리터)이나 되는 기름을 유출하는 사고를 일으켰다. 같은 해 8월, 비피는 유정이 새고 있다는 내부 고발자들의 주장이 있은 뒤에야 푸르도만에 있는 유정 57개에서 생산을 중지했다. 비피가 조사 자료를 조작해 노후한 파이프라인 교체를 미루고 있다는 진술이 나오자, 같은 달 알래스카 주 법무장관은 비피에 소환장을 발부해 누수 파이프라인의 부식과 관련된 문서를 훼손하지 말라고 명령했다.[21]

　　탄소 상쇄 제도는 비행기부터 4륜구동 자동차, 심지어 휘발유까지 태생적으로 지속 불가능한 몇몇 상품과 서비스에 거짓 정당성을 부여한다. 게다가 이렇게 매수할 수 있는 정당성의 비용은 대개 소비자가 떠안는다. 즉 실제로 이 비용을 내는 것은 소비자의 몫이다. 탄소 상쇄 제도는 산업과 경제에서 감내해야 하는 더 크고 구조적인 변화를 시도하는 대신 기후변화에 관한 소비자 개인의 책임에 더 많은 무게를 두면서 결국 탄소 상쇄 기업들에게 이득을 가져다준다.

2

퓨처포리스트의
흥망성쇠

"기후에 도움을 주려고
나무를 심는 것과
화석연료를 더 많이
태우려고

나무를 심는 것은
그린액션과
그린워시의 차이다."

탄소 상쇄 프로젝트는 1989년 미국에서 처음 시작됐다. 미국의 민간 전력 회사인 AES[Applied Energy Sevices]는 과테말라의 서부 고지에 있는 불모지에 나무 5000만 그루를 심는 상쇄 프로젝트 덕분에 183메가와트 규모의 석탄 화력발전소 건설 계획을 승인받을 수 있었다. 이 최초의 프로젝트도 탄소 상쇄 제도의 고질적인 문제점을 그대로 보여줬다. 먼저 새로 심은 외래종 나무들은 낯선 생태계 환경에 적응하지 못했고, 토지도 황폐해졌다. 나무를 보호하려고 지역 주민이 생계를 유지하는 데 필요한 땔감 수집도 법으로 금지했다. 프로젝트가 시작된 뒤 10년이 지나 평가자들이 내린 결론은 애초에 세운 탄소 상쇄 목표를 거의 달성하지 못했다는 것이었다.[1]

몇 년이 지난 1996년, 글래스톤베리 페스티벌[Glastonbury Music Festival]

캠프파이어 무대 언저리에서 퓨처포리스트Future Forests라는 회사가 창립됐다.[2] 회사 설립자이자 전직 뮤직 프로모터인 댄 모렐과 전설적인 펑크 밴드 더 클래쉬The Clash 출신의 조 스트러머Joe Strummer는 기후변화를 일으키는 온실가스를 상쇄하기 위해 나무를 심어보자는 아이디어를 냈다. 최근 몇 년 동안 부정적인 여론이 끊이지 않았지만, 퓨처포리스트(나중에 카본뉴트럴컴퍼니로 이름을 바꿈)는 모렐과 스트러머의 연예계 인맥을 통해 팝스타와 유명 배우들의 후원을 받아 수많은 언론의 관심 속에 가장 주목받는 탄소 상쇄 기업으로 자리매김했다.

첫 스타 의뢰인은 영국의 록그룹 롤링스톤스The Rolling Stones였다. 롤링스톤스는 2003년 나무 2800그루를 심어 영국 투어에서 배출한 탄소를 상쇄할 것이라고 홍보했다.[3] 이것은 팬 57명이 배출한 온실가스를 상쇄하는 데 나무 한 그루가 필요하다는 전제에 따라 계산된 것이다. 하지만 같은 해 롤링스톤스의 독일 콘서트가 파시즘과 연관되어 있다는 사실이 드러난 직후에 뭔가 분위기를 반전시킬 긍정적인 언론 보도가 필요한 시기에 이런 활동이 진행되었다는 점을 주목해야 한다.[4]

한동안은 유명 인사들의 열성적인 참여가 눈에 띄었다. 2004년 브래드 피트Brad Pitt는 고탄소 할리우드 생활을 상쇄하려고 부탄에 있는 숲 보존 프로젝트에 자기 이름으로 1만 달러(약 1100만 원)를 냈고, 배우 제이크 질렌할Jake Gyllenhal도 모잠비크 조림 플랜테이션

의 탄소배출권을 사려고 비슷한 수준의 돈을 냈다. 퓨처포리스트
는 부자가 아니거나 유명하지 않은 사람에게도 열려 있었다. 음악
팬들은 콜드플레이^{Coldplay}가 인도 카르나타카 지역 플랜테이션에 망
고나무를 심는 것 같은 훌륭한 친환경 행사에 동참할 수 있었다.[5]
그리고 심플리 레드$^{Simply Red}$, 다이도^{Dido}, 아이언 메이든$^{Iron Maiden}$의 팬
들도 자기가 좋아하는 스타의 이름을 딴 숲을 조성하는 데 돈을
기부했다.[6] 이렇게 만들어진 긍정적이고 환경 친화적인 이미지를
공유하고자 돈을 낸 퓨처포리스트의 기업 고객에는 세인즈베리
$^{Sainsbury's}$, 비피, 피아트^{Fiat}, 마쓰다^{Mazda}, 아우디^{Audi}, 바클레이즈^{Barclays}, 워
너브라더스$^{Warner Brothers}$가 있다.

'그린액션'과 '그린워시'의 차이

　같은 기간 탄소 상쇄, 특히 나무를 심는 탄소 상쇄 방법이
과학적으로 타당한지, 탄소 상쇄금 중 탄소 저감 프로젝트에 실제
로 사용되는 돈은 얼마나 되는지에 관한 날카로운 지적들이 제기
되기 시작했다. 2004년 5월, 환경 단체와 사회 단체들의 연합(카본
트레이드워치도 포함)은 퓨처포리스트 고객들에게 퓨처포리스트와
맺은 제휴를 다시 생각해 달라는 편지를 썼다. 편지에서 "기후에
도움을 주려고 나무를 심는 것과 화석연료를 더 많이 태우려고 나
무를 심는 것"은 "그린액션과 그린워시의 차이"라며, 퓨처포리스트
와 맺은 제휴를 다시 생각해보라고 제안했다.[7]

같은 시기 영국광고기준협의회[British Advertising Standards Authority]에는 타
워레코드[Tower Records] 매장과 바클레이즈 은행[Barclays Bank]에 등장한 퓨처
포리스트의 광고 내용을 문제삼는 공식적인 항의 서한이 접수되
었다. 영국 광고법에 따르면, '중요한 과학적 견해 차이'는 광고에
반영되어야 하는데, 퓨처포리스트의 광고에는 조림 플랜테이션과
관련한 '치열한' 과학적 논쟁이 전혀 나타나 있지 않다는 것이다.

또 퓨처포리스트는 사람들이 탄소 상쇄금 전액이 더 많은
나무를 심는 데 사용되고 있다고 생각하게 만들었다는 비난도 받
았다. 사실 퓨처포리스트는 이미 계획된 나무 심기 사업에 돈만 조
금 더 내고 있을 뿐이었다. 예를 들어 2001년 퓨처포리스트와 한
임업 회사가 영국 북요크셔 지방의 공유지에 관련해 체결한 계약
에 따르면, 퓨처포리스트는 "각각의 나무"에 해당하는 소유권 대
신 "각각의 나무에서 분리할 수 있는, 집행할 수 있는…… 토지에
관한 탄소 저장 권리"를 샀다.[8]

나무를 심는 자선단체인 트리즈포시티즈[Trees for Cities]의 대표는
2005년 《선데이타임즈[Sunday Times]》 기사에서 "팝스타들은 자기가 낸
돈이 전부 나무를 심는 데 사용될 것이라 믿고 있지만, 사실은 다
른 사람이 심은 나무의 탄소 권리만 사들이는 마케팅 회사의 주머
니로 들어가고 있다"는 점을 지적하며 퓨처포리스트를 비판했다.[9]

퓨처포리스트는 전통적인 광고 전략을 사용하기보다 유명
인사들의 참여로 얻은 인기에 의존해 탄소를 판매했다. 스타들이

앨범이나 콘서트 투어, 1년 동안 한 비행을 '중립화'하려고 퓨처포리스트에 돈을 냈다는 사실이 대중매체에 보도되는 것만으로도 퓨처포리스트는 큰 홍보 효과를 얻을 수 있었다. 사람들은 퓨처포리스트의 이름을 보고 홈페이지를 방문해 탄소 상쇄 제품을 살 것이다. 퓨처포리스트의 전략은 언론에 보도된 허위사실은 법적 책임을 질 필요가 없다는 점을 이용한 것으로, 무척 교묘했다. 이런 방식으로 퓨처포리스트는 기존 나무의 탄소 권리만 사면서도 새로운 나무를 심는 것처럼 왜곡해 포장하고 있었다. 기자들도 대중화를 생각해서 그런 건지 단순한 무지 때문인지는 몰라도 스타들이 낸 돈이 으레 직접 나무를 심는 데 사용되고 있는 것처럼 계속 보도했다.

영국 정부의 산림 분야 고문이자 150개의 산하단체를 거느린 수목협의회의 회장인 폴린느 부캐넌 블랙[Pauline Buchanan Black]은 이렇게 말했다. "퓨처포리스트가 탄소배출권을 팔려고 우리 회원 단체들한테 접근했다. 탄소배출권은 나무를 심는 것하고는 다른 이야기다. 그 회사가 나무를 심는 데 쓰는 돈은 다른 곳에서 나오기도 했다. 하지만 퓨처포리스트는 홈페이지에 나무 심기를 소개하면서 90개가 넘는 숲을 조성하는 일을 도왔다고 주장하고 있다. 우리 회원 단체들은 퓨처포리스트가 실제로 나무를 심지 않는다는 사실을 무척 염려하고 있다."[10]

퓨처포리스트는 임업 회사들과 체결한 계약서를 공개하지

않았다. 그러나 2005년 말 트리즈포시티즈는 새로 제정된 영국 정보공개법을 동원해, 2002년 HIE^{Highlands and Islands Enterprise}와 퓨처포리스트가 맺은 탄소 고정 계약서 사본을 손에 넣었다.[11] HIE가 관리하고 있는 오보스트^{Orbost} 숲은 퓨처포리스트가 취급하는 가장 큰 삼림지 중 하나이며, 홍보 책자에서도 크게 다루고 있는 곳이기도 하다. 계약서에 따르면 퓨처포리스트는 삼림지 80헥타르의 탄소배출권을 획득하려고 3만 4275파운드(약 5800만 원)를 냈다. 이 돈은 헥타르당 428파운드(약 73만 원)로, 나무 한 그루당 43펜스(약 730원) 정도다.[12] 롤링스톤스의 공식 홈페이지는 "전세계 2000명이 넘는 팬들이 오보스트 숲에 나무를 심으려고 8.5파운드(약 1만 5000원)씩 냈다"고 밝히고 있다.[13] 이 말을 근거로 계산하면, 팬들이 기부한 1만 6140파운드(약 2750만 원) 중 오보스트 숲에 낸 860파운드(150만 원)를 뺀 돈이 퓨처포리스트의 수익과 간접 경비로 처리됐다는 사실을 알 수 있다.

퓨처포리스트에서 카본뉴트럴컴퍼니로

2005년 9월 퓨처포리스트는 회사 이름을 카본뉴트럴컴퍼니로 바꿨다. 회사는 나무 심기 말고 다른 상쇄 활동을 강조하려고 이름을 바꿨다고 밝혔다. 재생 가능 에너지와 에너지 효율 개선에 기반을 둔 기후변화 컨설팅과 탄소 상쇄 프로젝트에 초점을 맞추겠다는 것이다. 그렇지만 이런 조치는 공교롭게도 퓨처포리스트와 관련된 부정적인 여론이 빗발칠 때 진행되었다. 퓨처포리스트는 많은 논쟁과 비판은 아랑곳하지 않고 효율적인 마케팅으로 상쇄 업계에서 여전히 독보적인 자리를 차지하고 있다. 게다가 퓨처포리스트는 "정부와 기업이 기후변화 대응에 긴밀하게 협조할 수 있는 정책적 대안을 마련하기 위해 활동하는"[14] '기후변화 대응을 위한 의원 모임All Party Parliamentary Climate Change Group'에서 사무국 일을 맡으면서 더욱 정당성을 인정받게 되었다.

산림 상쇄배출권에 관한 비판은 교토 의정서 체제에서 산림과 조림을 '**탄소 흡수원**carbon sinks'으로 활용하자는 주장이 한풀 꺾이는 결과를 낳았다. 교토 의정서는 탄소 흡수원을 통한 탄소배출권 획득에 관한 틀을 제공, 비준에 참여한 국가들이 계속해서 화석연료를 태워 탄소를 배출할 수 있게 용인했다. 그러나 산림은 충분하지 못한 과학적 근거와 보장되지 않는 나무의 수명 때문에 교토 체제의 탄소 상쇄 시장에서 탄소 흡수원으로 인정받지 못했다. 그런데도 유럽연합은 **유럽 배출권거래제**European Emissions Trading Scheme에서도 제외된 산림 흡수원의 배출권을 인정받으려고 노력하고 있다. 제도를 바꿔 기존 산림의 탄소 흡수분을 감축량으로 인정받으려는 움직임도 이미 진행 중이다. 또 더 많은 이산화탄소를 흡수하려고 유전자 조작된 나무가 더 많은 배출권을 획득할 수 있게 공식적인 협상 자리에서 압력을 넣고 있다.

나무 심기를 통한 탄소 상쇄, 특히 퓨처포리스트를 둘러싼 부정적인 언론 보도 때문에 많은 탄소 상쇄 기업들은 조림 사업에서 일정한 거리를 둔 채 재생 가능 에너지와 에너지 효율 개선 프로젝트에 집중하고 있다. 다음 장에서는 다른 종류의 탄소 상쇄 프로젝트의 문제점을 좀더 자세히 다루겠다.

플랜테이션을 기반으로 한 탄소 상쇄가 계속 냉랭한 반응을 얻지는 않을 것이다. 자발적 탄소 상쇄 시장은 여전히 새로운 시장이다. 일부 업계 종사자들은 그 사람들이 개척한 것은 빙산의 일각일 뿐이라고 말한다. 독일의 탄소 상쇄 공급자인 '500ppm'의 전무이사인 잉고 풀^{Ingo Puhl}은 "시장 전체의 잠재력을 고려할 때 현재의 자발적 탄소 상쇄 산업이 차지하고 있는 비율은 1퍼센트에도 채 못 미친다"고 말했다.[15]

자발적 탄소 상쇄 시장이 엄청나게 성장한다면, 수요를 감당하기 위해서라도 에너지와 산림 상쇄 프로젝트 모두 확장해야만 한다. 지금까지 에너지 프로젝트는 산림 프로젝트에 견주어 볼 때 별다른 비판을 받지 않았다. 카본뉴트럴컴퍼니의 CEO인 조나단 쇼플리^{Jonathan Shopley}는 "지금 세계의 관심은 산림 상쇄에서 점점 멀어지고 있다. 사람들이 기술을 대할 때 더 안정감을 느끼는 것 같다. 하지만 기술 상쇄와 관련해 아직 해결하지 못한 복잡한 문제들이 있다는 것을 이해하게 된다면…… 산림을 통한 탄소 고정이 다시 주목받게 될 것이라고 확신한다"고 말했다.[16]

3

나무 심기로
기후변화를
막을 수 있을까

"자동차 연료를 구하기 위한
석유 채굴 때문에 쫓겨난
지역 주민들이
자동차 운전자들이
태운 석유를
상쇄하려는
플랜테이션 조성 때문에
또다시 쫓겨나게
될 판이다."

탄소 상쇄 제도는 간단한 방정식에 근거를 두고 있다. 이런 단순함이 탄소 상쇄의 매력이다. 한편에는 상대적으로 측정하기 쉬운 이산화탄소 배출량이 있다. 상쇄 회사의 홈페이지에는 보통 탄소 계산기라는 게 있어서 자동차를 운전하거나 비행기를 타면서 이산화탄소를 얼마나 배출했는지, 이것을 상쇄하려면 얼마를 내면 되는지 바로 계산해준다. 그러나 유감스럽게도 이런 방식은 눈에 보이는 것처럼 간단하지 않다. 실제로 '중립화'되었을 것으로 짐작되는 이산화탄소의 양은 정확하게 측정할 수 없다. 플랜테이션 프로젝트로 나무가 저장한 이산화탄소량을 산정하기에는 우리의 탄소 순환 지식이 무척 제한적이다. 플랜테이션 프로젝트보다 신뢰할 수 있다고 알려진 에너지 효율 향상이나 재생 가능 에너지 프로젝트를 포함한 모든 상쇄 프로젝트에서도 프로젝트를 실행하기 전에 대기로 방출되었을 이산화탄소량을 정확하게 추산하기는 힘들다.

나무는 생각보다 무척 복잡하다

카본뉴트럴컴퍼니 말고도 다른 기업의 상쇄 프로그램들이 성공한 이유는 나무 심기는 '좋은 일'이라는 일반적인 생각을 이용한 데 있다. 나무는 강력한 녹색정치의 상징이다. 미국의 씨에라 클럽Sierra Club 등 많은 환경단체들이 로고에 나무를 사용하고 있다. 2006년 영국 보수당도 녹색 이미지를 보강하려고 새로운 로고에 나무를 넣었다. 어떤 사람을 '나무를 껴안는 사람tree-hugger'이라고 부르는 것은 그 사람이 생태적 감성이 풍부하다는 뜻이다. 탄소 배출을 '중립화'하려면 나무를 심으면 된다는 생각에는 환경에 득이 되는 행동으로 환경에 해를 주는 행동이 상쇄될 수 있을 것이라는 문화적 관념이 깔려 있다.

그러나 이것은 전혀 앞뒤가 맞지 않는 이야기다. 나무는 아주 복잡한 화학적, 물리적, 지질학적, 생물학적 과정을 거치는 탄소 순환의 일부로 이산화탄소를 흡수한다. 탄소 순환은 활성과 비활성으로 나눌 수 있는데, 나무는 식물과 유기체, 물, 대기 사이에서 되풀이되는 탄소의 이동인 활성탄소 순환의 일부인 반면, 매장되어 있는 화석연료 안의 탄소는 비활성이다. 화석연료를 태우지 않는 한 화석연료 안에 갇혀 있는 비활성탄소는 활성탄소 순환으로 편입되지 않는다. 활성탄소 순환에서 비활성탄소 순환으로 탄소가 이동하는 길은 일방통행로와 같다. 화석연료를 태워 방출되는 비활성탄소는 바로 활성탄소 순환으로 진입한다. 하지만 활성탄소가 비활성탄소 순환으로 편입되려면 처음 화석연료가 생성되는 데 걸린 수천 년의 지질학적 과정이 필요하다.

이 사실은 플랜테이션을 통한 탄소 상쇄 방식에 관해 많은 것을 알려준다. 첫째, 활성탄소 순환의 복잡한 교환 과정에는 과학적 불확실성이 존재한다. 나무가 얼마나 많은 양의 탄소를 흡수할 수 있고, 또 얼마나 오랫동안 저장할 수 있는지 측정하는 추정치에 편차가 크다. 따라서 탄소 배출을 '중립화'하려면 나무를 몇 그루나 심어야 하는지 정확하게 알아낼 수는 없다.

이런 과학적 불확실성을 보여주는 최근의 사례로 2006년 1월 《네이처Nature》에 실린 논문을 들 수 있다. 이 논문에 따르면 나무와 식물은 이전에 우리가 생각하던 것보다 훨씬 더 많은 메탄가스를 공기 속으로 방출한다. 해마다 지구 대기로 유입되는 메탄의 10~30퍼센트를 나무와 식물이 배출한다. 기후 현상을 모니터링하는 해들리 연구소Hadley Centre의 리차드 베트Richard Betts 박사는 이 연구 결과가 지구 평균 온도 예측에는 크게 영향을 미치지 않겠지만 "화석연료 사용으로 배출되는 탄소량을 측정하는 것보다 재조림이나 산림 벌채로 흡수되거나 배출되는 탄소량을 정확하게 측정

하는 일이 얼마나 더 복잡한지 잘 보여준다"고 말했다.[1]

2006년 12월 스탠포드대학교의 워싱턴 카네기 연구소가 발표한 연구는 숲은 전반적으로 지구 온도에 영향을 끼치지 않는다는 결론을 내렸다. 논문의 공동저자인 켄 칼데이라Ken Caldeira는 "나무를 심어 기후변화를 되돌릴 수 있다는 생각은 매력적이며 기분을 좋게 하는 일"이지만, "열대우림 말고 다른 지역에 나무를 심어 기후변화를 완화하겠다는 것은 시간 낭비"라고 일축했다.*[2]

언젠가 나무가 연소되거나 부식되는 시점이 오면 나무에 축적되어 있던 탄소는 다시 대기 중으로 방출된다. 틴달 기후변화 연구센터의 케빈 앤더슨 박사는 "설사 심은 나무가 모두 살아남는다해도 기후변화로 지구 평균 온도가 섭씨 2도나 3도 상승한다면, 수명을 다 하지 못한 나무가 메탄으로 분해되어 오히려 상황을 악화시킬 수 있지 않겠냐"며 의문을 제기했다.[3]

2006년 10월, 영국 광고심의위원회ASA는 에너지 업체인 SSEScottish and Southern Energy Group에게 안내 책자에서 고객들이 배출한 탄소를 '중립화'해준다는 내용을 삭제할 것을 명령하면서, 이 광고의 과학적 불확실성을 지적했다. 안내 책자에는 "SSE는 고객이 사용하는 난방용 가스와 가정에서 버리는 쓰레기 때문에 배출되는

---

* 산림은 광합성을 해서 대기 중의 온실가스를 줄여 온도를 낮추는 데 기여하지만, 동시에 태양빛을 배출하지 못하고 흡수하게 한다. 켄 칼데이라는 적도 지역을 뺀 다른 곳의 산림은 대기 중의 이산화탄소를 흡수해 제거하기보다는 태양열을 가두어 온도를 높인다고 주장한다.

온실가스를 상쇄하려고 나무를 심는다"는 내용이 담겨 있다. SSE 는 월드랜드트러스트^{World Land Trust}와 3년에 걸쳐 나무 15만 그루를 심 기로 계약, 이미 브라질과 에콰도르에서 조림 프로젝트를 시작했 다. SSE는 일반 가정이 배출하는 탄소는 수치로 나타낼 수 있었지 만, 탄소 순환에 관한 과학 지식이 부족해 탄소 상쇄를 하려면 나 무 몇 그루를 심어야 하는지 충분한 근거를 제시하지 못했다.[4] 이 런 영국 광고심의위원회의 결정이 앞으로 다른 비슷한 상쇄 제도 에 어떤 영향을 미칠지 지켜봐야 할 것이다.

99년 안에 무슨 일이 일어날지 어떻게 알아?

카본뉴트럴컴퍼니 등 몇몇 탄소 상쇄 기업들은 지금 조성한 숲을 적어도 99년 동안 잘 관리하겠다고 약속하면서도[5] 이런 장 기 계약을 어떻게 지킬지 자세하게 설명하지는 않는다. 전문가들 은 오랜 기간에 걸쳐 필요한 산림 관리 비용보다 조림 사업에 투 자되는 금액이 작다는 점을 고려할 때, 약속이 지켜질 가능성은 거 의 없다고 이야기한다. 2003년 트리즈포시티즈의 대표는 퓨처포 리스트가 나무를 심고 99년간 관리해주는 비용으로 한 그루 당 50펜스(약 850원)를 제안했다고 《데일리 텔레그래프^{Daily Telegraph}》에 제 보했다. 그리고 이렇게 덧붙였다. "이 일이 제대로 진행되려면 나 무 한 그루당 최소 5파운드(약 8500원)가 필요하다. 즉 퓨처포리스 트는 기껏해야 실제 비용의 10분의 1 가격으로 이 일을 하겠다고 나선 것이다. 대부분 자선단체가 기부금으로 심은 나무들을 가지고 퓨처포리스트는 레오나르도 디카프리오[Leonardo DiCaprio], 워킹 타이틀[Working Title], 아비스[Avis]와 오투[O2]의 팬들에게 배지와 함께 '나무'에 관한 권리를 주면서, 5~10파운드(약 8500~1만 7000원)의 비싼 가격으로 팔 것이다. 이 프로젝트가 추가 감축 효과가 없다는 것은 의심할 여지도 없다. 우리는 자선단체 기부금으로 상쇄 회사의 돈벌이를 도울 생각이 전혀 없기 때문에 나무 한 그루당 50펜스(약 850원)를 제시한 퓨처포리스트의 제안을 거절했다."[6]

이런 장기 법적 계약은 오늘날 탄소 상쇄라는 구실 아래 토지와 물이 제멋대로 쓰이고 있다는 것을 의미한다. 이런 프로젝트는 미래의 권리를 주장한다. 래리 로만[Larry Lohmann]은 《탄소 거래 — 기후변화, 사유화, 권력에 관한 비판적 대화[Carbon Trading: A Critical Conversation on Climate Change, Privatisation and Power]》에서 탄소 상쇄 프로젝트는 "화석연료의 사용을 허가하고 연장하려고 현재뿐만 아니라 미래의 자원을 전용한다"고 지적하고 있다.[7]

나무가 99년이라는 긴 시간 동안 탄소를 흡수할 것이라는 전제에도 시간과 관련된 중요한 문제가 있다. 많은 기후학자들은 기후변화의 영향을 증폭시킬 **피드백 루프**[feedback loops]를 생성할 **지구 온도 상승 임계점**을 넘지 않으려면 앞으로 10년이 온실가스 배출량을 줄이는 데 아주 중요한 시기라고 강조해왔다.[8] 자동차나 비행기가 대기 중으로 뿜어내는 탄소는 실시간으로 온실가스 농도

상승에 영향을 주는 반면, 나무가 오랜 시간에 걸쳐 천천히 흡수하는 탄소는 지금 당장 온실가스 감축이 절실한 '중요한 시기'가 지난 다음에야 대기 중의 온실가스 농도를 낮추는 데 기여할 것이다.

허울뿐인 그린워시가 아닌 정당한 탄소 상쇄의 수단으로 나무 심기를 인정한다 하더라도 토지 부족 문제는 어떡할 것인가? 도대체 그 많은 플랜테이션을 어디에 만들 수 있을까? 탄소 상쇄와 플랜테이션에 관한 다른 문제들은 잠시 접어두더라도 계산이 나오지 않는다. 나무 심기가 탄소 배출을 줄일 수 있는 적절한 방법이라고 가정해보자. 영국의 연간 온실가스 배출량을 흡수하려면 해마다 새로운 플랜테이션이 1만 제곱킬로미터나 필요하다. 이것은 데본^{Devon}과 콘월^{Cornwall} 지역에 맞먹는 면적이다. 새롭게 조성된 숲은 오랜 시간 정성들여 관리해야 한다는 사실도 잊어서는 안 된다.[9]

이런 탄소 상쇄의 문제점들을 고려할 때, 상쇄 시나리오는 기후변화의 대안으로 받아들여지기 힘들다. 그런데도 이미 운영되고 있는 산림 상쇄에 필요한 나무를 심는 데 필요한 토지를 어디에, 어떤 방법으로 마련할지 정하는 문제는 여전히 남는다. 영국에서 카본뉴트럴컴퍼니는 국유지인 산림위원회^{Forestry Commission}의 토지에서 상쇄 프로젝트를 진행하면서, 공공의 탄소를 사실상 사유화하고 있다.

모든 탄소 상쇄는 잠재적으로 불확실하다

어떤 상쇄 회사들은 플랜테이션 탄소 상쇄를 대하는 부정적인 여론을 의식해 투자자산 구성에서 나무 심기의 비율을 제한하거나 재생 가능 에너지 설치와 온실가스 배출을 줄이는 데 더 집중하고 있다. 카본뉴트럴컴퍼니와 클라이미트케어는 플랜테이션 상쇄 비율을 20퍼센트 미만으로 유지하겠다고 발표하기도 했다.[10] 하지만 다른 방식을 도입한다 하더라도 잠재해 있는 상쇄 프로젝트의 문제점들은 사라지지 않는다. 추측성 시나리오에 의존하는 것이라서 정확한 배출 감축분을 측정할 수 없기 때문이다.

상쇄 프로젝트로 얻을 수 있는 배출권은 프로젝트를 수행하지 않았을 경우 발생할 온실가스 배출량에서 프로젝트 수행 뒤 발생하는 실제 배출량의 차이로 계산한다. 프로젝트를 수행하기 전 아무런 조치도 하지 않았을 경우 발생하는 온실가스 배출량을 '**베이스라인**baseline'이라고 한다. 탄소시장에서 팔 수 있는 배출권의 양은 이 베이스라인을 기준으로 줄어든 감축분하고 같다.

이 시스템이 작동하려면 무엇보다 정확한 베이스라인 선정이 중요하다. 정확한 베이스라인 없이는 판매자도 구매자도 배출권을 얼마큼 사고팔 수 있는지 알 수가 없다. 하지만 프로젝트를 수행하지 않았을 경우의 가상 시나리오를 심사하는 전문가와 검증 기관은 기껏해야 여러 가지 정보를 취합해서 추측할 뿐이다. 프로젝트를 수행하지 않았을 경우에 벌어질 수 있는 시나리오는 수 없이 많다. 래리 로만은 탄소 거래를 다룬 논문에서 "어떤 방식으로 탄소배출권을 계산할 것인가 하는 문제는 경제적·기술적 예측이라기보다 정치적 결정에 가깝다"고 말한다.[11]

사회경제적 흐름, 미래 토지 이용, 인구 변화, 국제 정책 결정 등 많은 요인들이 프로젝트를 수행하지 않았을 경우의 시나리오, 즉 베이스라인에 영향을 미칠 수 있다. '유럽 산림자원 네트워크 Forests and the European Union Resource Network, FERN'의 주타 킬Jutta Kill은 이렇게 지적했다. "만약 1988년에도 탄소시장이 활발했다면 동독은 에너지 절약 프로젝트의 주요 대상국이 되었을 것이다. 그러나 얼마나 많은 사람들이 베이스라인을 예측할 때 이듬해 무너질 베를린 장벽을 포함시켰을까?"[12]

대개 베이스라인 예측은 '**추가성**additionality'의 원리와 관련 있다. 이것은 상쇄 회사가 자금을 제공하지 않았다면 프로젝트를 진행할 수 없을 거라고 판단하는 것이다. 다음 장에서는 남아프리카공화국에 에너지 고효율 전구를 나눠준 클라이미트케어의 상쇄 프로젝트를 살펴볼 생각이다. 이 사례에서는 클라이미트케어가 프로젝트를 진행하지 않았더라도 고효율 전구를 지역 주민들에게 나눠줄 예정이던 것을 확인할 수 있다. 왕립국제문제연구소Royal Institute for International Affairs의 보고서는 "상쇄 프로젝트를 수행하지 않았을 경우와 비교해 발생할 수 있는 추가 감축분을 정확히 측정할 수는 없다"고 단호하게 말하고 있다.[13]

기후변화 비즈니스 컨설턴트인 마크 트렉슬러$^{Mark Trexler}$는 상쇄 프로젝트를 계획하지 않았어도 동일한 사업이 진행됐을지 묻는 질문에 분명히 답할 수 있는 것은 "무척 알기 어렵다"는 것뿐이라고 했다. 마크 트렉슬러는 "기술적으로 '옳은' 답은 없다"며 "추가성이라는 단어처럼 용어의 정의와 목적에 관한 어떤 합의도 도출하지 못한 채 이렇게 많은 사람한테 오르내린 주제는 일찍이 없었다"고 말했다.[14]

과학자들은 적절한 도구와 보정 과정을 거쳐 실제 배출량을 어떻게 측정할지 합의할 수 있다. 하지만 수많은 시나리오 중에서 하나의 베이스라인을 선정해 이것을 기준으로 가상의 배출 감축분을 계산하는 것에는 합의하기 어렵다. 베이스라인을 설정할 근거가 부족하다는 것은, 상쇄 회사가 베이스라인을 설정할 때 최대한 많은 배출권을 얻으려고 서류상으로 조작할 가능성과 기회가 많다는 의미이기도 하다.

미래가치계산이란 무엇인가

탄소 상쇄 프로젝트에 대한 신뢰는 지금 당장 배출되고 있는 온실가스와 일정 기간에 걸쳐 '중립화'될 온실가스를 동일시할 수 없다는 사실에 또 한 번 상처를 받는다. 상쇄 회사들이 탄소 중립을 주장할 수 있는 근거는 회사가 '미래가치계산$^{future value accounting}$'이라 불리는 탄소 계산법을 사용하기 때문이다. 미래가치계산은 앞으로 나타날 탄소 감축분을 현재 줄어든 탄소 감축분으로 계산하는 것이다. 이것은 엔론Enron*이 수익을 부풀리려고 사용한 것하고 같은 수법이다. 배출된 탄소는 바로 대기 중으로 편입되는 반면 이것을 '중립화'하려면 훨씬 더 오랜 시간이 필요하다. 100년이 걸릴 수도 있다. 만약 어떤 사람이 정기적으로 자신의 탄소 배출분을 상쇄한다 해도 탄소가 배출되는 속도는 배출된 탄소가 '중립화'되는 속도를 훨씬 앞지른다. 이것은 기후 중립이 아니라 오히려 그 반대 상황에 더 가깝다. 미래가치계산에 관한 자세한 설명과 도표는 부록에 담았다.

나무 심기는 탄소 식민주의다

교토 체제는 상쇄 회사들의 자발적인 탄소 상쇄 제도 말고도 대기업들이 자신의 배출량 감축 목표치를 달성하기 위해 남반구의 '기후 친화적'인 프로젝트에 투자하는 것을 인정한다. 북반구 선진국들이 남반구 프로젝트를 통해 줄어든 온실가스로 중립화를 인정받을 수 있는 것이다. 조림 플랜테이션이나 교토 협약에서 언급된 '탄소 흡수원'도 이런 프로젝트 중 하나다. 앞서 검토한 모든 논쟁들이 교토 체제 아래에서 진행되는 대규모 탄소 상쇄 프로

---

*   2001년 12월 초에 파산을 신청한 미국 에너지 기업으로, 회계 장부를 조작해 우량 기업인 양 행세했다. 회사는 미국 상원의원 대부분한테 정치 자금을 뿌렸으며, 파산 신청 전 몇몇 고위 경영진들은 보유하던 주식을 고가에 다 팔아치우고 직원들에게는 걱정 말라고 안심시켰다.

젝트에서도 똑같이 적용된다. 그러나 교토 체제 아래에서 진행되는 대규모 플랜테이션 프로젝트는 토지 권리와 사회 정의의 측면에서 더욱 심각한 문제를 불러일으킨다.

유럽 산림자원 네트워크, 세계 열대우림운동^{World Rainforest Movement}, 녹색 사막운동^{Green Desert Movement}, 라이징타이드^{Rising Tide} 등의 단체들은 북반구가 이산화탄소 배출을 '중립화'하려고 남반구에 대규모 단일 조림 플랜테이션을 조성하는 것을 두고 '탄소 식민주의'라 꼬집었다.[15] 이것은 마치 북반구 사람들이 누리고 있는 물질적 풍요를 유지하려고 남반구를 착취하는 것하고 같다. 북반구의 높은 에너지 소비를 유지하려고 남반구의 토지를 플랜테이션으로 전용하는 것이다.

〈탄소 가게^{The Carbon Shop}〉라는 보고서는 화석연료 채굴과 자연자원 약탈 때문에 이미 황폐해진 나라에서 추진되는 대규모 플랜테이션이 어떻게 식민주의적 사고방식의 연장 선상에 있는지 설명해준다. "역설적이게도 자동차 연료를 구하기 위한 석유 채굴 때문에 쫓겨난 지역 주민들이 자동차 운전자들이 태운 석유를 '상쇄'하려는 플랜테이션 조성 때문에 또다시 쫓겨나게 될 판이다."[16]

남반구 플랜테이션 프로젝트 때문에 지역 생태계와 공동체가 훼손되고 있다는 구체적인 증거들이 속속 드러나고 있다. 2005년 《사이언스^{Science}》에 실린 한 논문은 다섯 개 대륙 500개 플랜테이션을 대상으로 사례를 분석해, 조림 사업은 많은 양의 지하수를

빨아들이고 토양의 필수 영양소를 고갈시키기 때문에 지역의 생물종 다양성에 악영향을 끼친다고 결론지었다.[17] 에콰도르,[18] 브라질,[19] 인도[20] 등에서 '상쇄'라는 이름 아래 진행되고 있는 플랜테이션 프로젝트가 지역 공동체에 미치는 피해에 관한 연구도 진행 중이다.

여러 상쇄 회사들이 남반구 프로젝트를 진행하려고 이리저리 손을 쓰고 있다. 카본뉴트럴컴퍼니는 현재 멕시코, 모잠비크, 인도, 우간다, 부탄에서 프로젝트를 진행하고 있으며,[21] 카본클리어는 인도와 탄자니아의 나무 심기 프로젝트에,[22] 클라이미트케어는 우간다 산림 프로젝트에 자금을 대고 있다.[23] 다음 장에서는 몇몇 사례를 통해 이런 프로젝트가 지역 공동체에 미치는 영향을 알아보고, 기후변화 대응에 어느 정도 효과가 있는지 살펴보겠다.

4

개발도상국에서
진행된
세 가지 탄소
상쇄 프로젝트

"기후변화에서 가장
정의롭지 못한 일은
기후변화 책임이 작은,
세계에서 가장
가난한 지역 사람들이
가장 큰 고통을
받는다는 사실이다."

북반구 국가는 개발도상국의 문제에 원조와 개입을 통해 접근해 왔으며, 역사적으로 개발도상국을 항상 선점의 대상으로 여겼다. 이런 북반구의 개발 방식은 목표 달성에 실패했을 뿐만 아니라 개발도상국 지역 공동체에 또 다른 심각한 문제를 일으켰다. 북반구가 매번 개발도상국과 맺는 관계에서 실패하는 원인은 프로그램 운영 실패, 지역 공동체와 논의 부족, 잘못된 과학 정보, 충분한 사회적·정치적·생태적 통찰력의 부재에 있다.

아투로 에스코바Arturo Escobar 등의 평론가들은 2차 대전 이후의 개발 정책도 식민지 정책의 연속 선상에 있으며 비슷한 지배 메커니즘으로 작동하고 있다고 주장한다.[1] 개발 기구들은 자신들의 존립과 개발 정책이 효과적이라는 환상을 심어주려고 홍보 활동에만 몰두한다고 비난받고 있다. 2000년 미국 의회의 멜처위원회[Meltzer Commission]가 제출한 보고서는 세계은행이 최빈국들의 빈곤 문제를 덜어주는 데 아무런 기여를 하지 못했으며, 개발 프로젝트 중 65~75퍼센트가 실패했다고 밝혔다.[2]

최근 북반구 국가들은 남반구의 '발전'에 개입하는 새로운 방식으로, 에너지 효율 향상과 재생 가능 에너지 프로젝트를 활용하기 시작했다. 북반구는 재정과 기술, 정보 자원을 가지고 있기 때문에 남반구 발전에 중요한 구실을 할 수 있다. 게다가 북반구는 남반구 식민지에서 착취한 막대한 자연자원을 활용해 급속한 산업화를 달성하는 과정에서 엄청난 온실가스를 배출한 역사적 책임도 져야 한다. 기후변화에서 가장 정의롭지 못한 일은 기후변화 책임이 작은, 세계에서 가장 가난한 지역 사람들이 가장 큰 고통을 받는다는 사실이다. 이런 역사적 요인들이 **생태 부채**[ecological debt]라는 개념을 탄생시켰다. 생태 부채는 북반구가 자기 이익을 추구하려고 남반구의 환경과 자연자원을 착취한 것을 말한다.

북반구가 이런 부채를 갚을 수 있는 좋은 방법 중 하나는 남반구의 기후변화 피해를 줄일 수 있게 원조를 하는 것하고는 별도로, 남반구가 저탄소 경제로 전환할 수 있게 투자를 아끼지 않는 것이다. 동시에 북반구 사회도 화석연료에서 벗어나는 구조적인 변화를 위해 투자를 해야 한다. **청정 개발 체제**[Clean Development

Mechanism, CDM와 **공동 이행 제도**^{Joint Implementation, JI} 등 교토 의정서 체제의
상쇄 제도를 포함한 탄소 상쇄 제도 지지자들은 자신들이 바로 그
일을 효과적으로 하고 있다고 주장한다. 그러나 북반구가 수십 년
동안 진행해온 남반구 개발 프로젝트에 문제가 있었다는 점을 교
훈으로 삼아, 이런 프로젝트를 진행하는 북반구의 '지속 가능한
발전'의 동기가 진심인지, 아니면 북반구의 높은 배출량을 계속 정
당화하면서 기후변화 대응을 구실로 또다시 이윤을 얻으려고 하
는 것인지 비판적으로 검토해야만 한다.

북반구가 남반구에 이런 프로젝트를 진행하는 것에는 이타
주의와 선의의 명분 말고도 경제적인 계산이 깔려 있다. 불평등한
세계 경제 구조 안에서 북반구 기업들은 남반구 프로젝트를 수행
해 수출 보조금 같은 더 큰 재정적 인센티브를 얻을 수 있다. 또
값싼 토지와 노동력, 원자재도 이용할 수 있다. 수년간 남반구의
원자재를 착취해온 북반구의 기업들은 이제 그것도 모자라 남반
구에서 에너지 효율 개선, 재생 가능 에너지, 탄소 감축 산업 등을
개발해 상품화하고, 이것을 자발적인 탄소 상쇄 기업을 통해 선진
국 소비자들에게 팔고 있다. 북반구가 남반구 개발의 목표로 내
세우고 있는 명분과 옥스퍼드 대학의 아담 범퍼스^{Adam Bumpus}가 영국
왕립지리학회에 제출한 논문에서 얘기한 "탄소 상쇄는 북반구와
남반구의 불공정을 전제로 하고 있으며, 값싼 탄소 상쇄를 위해서
는 개발도상국이 꼭 필요하다"는 내용에는 이상한 모순이 존재한

다.[3] 결국 탄소 상쇄 프로젝트는 덜 '개발된' 남반구를 '개선'시킨 다고 선전하는 동시에 '착취'하는 것으로 보인다.

반정치 장치

인류학자 제임스 퍼거슨[James Ferguson]은 1994년에 발표한 《반정 치 장치 ― 레소토*의 '개발', 탈정치, 관료적인 권력[The Anti-Politics Machine: 'Development,' Depoliticization, and Bureaucratic Power in Lesotho]》에서 이렇게 주장하고 있다. 개발 모델은 사실상 일반 대중의 참여를 허용하지 않는다. 전문적 인 기준에 따라 프로젝트를 평가하고 참여하는 고위급 개발 '전문 가'들이 주도하면서, 지역 공동체가 아예 개입하지 못하게 한다는 것이다. 또 전문가들은 전문적인 기준을 만들어 정당한 비판을 애 당초 차단해버린다.[4] 이것은 오래된 공상과학 영화에 나오는, 스 위치를 올리면 갑자기 중력이 없어지는 반중력 장치 같다. 퍼거슨 이 말하는 개발이라는 장치는 아주 민감한 질문도 스위치 한 번에 즉시 탈정치화할 수 있는 반정치 장치인 셈이다. 이런 분석은 '탄 소 개발' 같은 새로운 흐름하고도 무척 관련이 있어 보인다.

이번 장에서는 개발 프로젝트에서 지역 공동체가 배제된 사 례로 우간다에서 진행되고 있는 상쇄 프로젝트를 자세히 살펴볼 것이다. 엘곤산 플랜테이션 근처에 사는 주민들은 프로젝트 때문

---

* 남아프리카공화국에 둘러싸인 왕국.

에 발생하는 상쇄 배출권을 모른다고 말한다. 지방의회 의원들과
지역의 고위 공무원들도 무슨 일이 진행되고 있는지 알지 못했다.
지역 주민들은 플랜테이션이 자신들의 토지를 차지하고 있으니까
탄소 상쇄 기업이 받는 수입을 알기 바랐고, 이 문제로 지역 국회
의원과 논의할 계획도 있었다.[5]

시장이 모든 문제를 해결해줄 거야

자유시장주의자들은 규제와 국가의 간섭에서 자유로운 이
윤 추구 활동을 보장하는 것만이 남반구를 발전으로 이끌 수 있
는 유일한 방법이라고 주장한다. 남반구에서 진행된 자유시장주
의 개발의 실패를 가장 잘 보여주는 사례가 바로 물 서비스 민영
화다. 2006년 3월 세계개발운동World Development Movement과 국제공공노
련 연구소Public Services Research International Unit가 발간한 보고서에 따르면, "민
간 기업이 전세계의 가난한 사람들에게 물과 하수도 시설을 제공
할 것이라는 생각은 허무한 공상에 불과하다. 15년간 잘못된 정책
이 양산되었고, 주민들이 겪는 고통과 고난도 계속되었다." 2015년
까지 식수와 기본적인 위생 시설에 지속적으로 접근할 수 없는 사
람의 비율을 절반으로 줄이겠다는 유엔 밀레니엄 개발목표Millenium
Development Goals를 달성하려면 하루 평균 27만 명에게 식수와 위생 시
설을 설치해줘야 한다. 민영화 기간 9년 동안 가격은 끊임없이 올
랐지만 식수와 기본적인 위생 시설에 접근할 수 있는 사람 수는

하루 900여 명 늘어나는 데 그쳤다.[6]

우리는 기후변화에 효과적으로 대응하고 남반구 지역 공동체에 도움이 되는 개발을 진행하는 데, 이익 추구가 목표인 민간 기업이 가장 적합하다고 여기도록 강요당하고 있다. 세계개발운동에서 경험하고 연구한 결과를 보면 이윤을 극대화하려는 시도는 결국 부정부패와 경영 실패, 사기 등의 문제를 동반할 뿐 아니라 지역 주민의 요구도 채워주지 못했다. 이 장에서는 개발도상국에서 진행된 세 가지 자발적 탄소 상쇄 프로젝트를 살펴보면서, 현장에서 벌어지는 일들이 상쇄 회사 홈페이지에 소개된 장밋빛 계획과 얼마나 다른지 살펴보려고 한다.

지금까지 자발적 탄소 상쇄 프로젝트 중에서 록밴드 콜드플레이 ^{Coldplay}와 카본뉴트럴컴퍼니가 맺은 제휴는 가장 주목을 받았다. 세계적으로 유명한 록밴드가 인도 남부 카르나타카 지역에 망고나무를 심는 것을 후원한다는 사실이 팬 사이트와 음악 잡지에 실렸다. 《타임^{Time}》 등은 이 프로젝트에 "CO$_2$ 감축을 위한 자본주의적 발상, 록밴드가 나섰다"라는 헤드라인을 달았다.[7] 2002년 호평을 받은 〈러시 오브 블러드 투 더 헤드$^{A\ Rush\ of\ Blood\ to\ the\ Head}$〉라는 앨범을 출시하면서, 콜드플레이는 카르나타카 지역 주민들이 망고나무 1만 그루를 심는 데 자금을 지원하기로 카본뉴트럴컴퍼니와 계약했다. 카본뉴트럴컴퍼니는 "망고나무는 지역 주민들이 먹고 수출할 수 있는 과일을 생산할 뿐만 아니라 나무가 살아 있는 동안에는 밴드가 CD를 제작하고 배포하는 과정에서 배출한 이산화탄소를 흡수할 것"이라고 주장했다.[8] 팬들도 플랜테이션에 나무 한 그루씩 '기부'하라는 독려를 받았다. 팬들은 17.5파운드(약 3만 원)를 내면 카르나타카 플랜테이션에 기부한 묘목의 탄소배출권을 가질 수 있고, 근사한 통에 담긴 증서와 함께 각자의 망고나무 위치가 표시된 지도도 받을 수 있었다.

　　카본뉴트럴컴퍼니의 영업부장인 빌 스네이드$^{Bill\ Sneyd}$는 콜드플레이가 참여한 과정을 열정적으로 설명했다. "콜드플레이는 최근 발매한 앨범 두 장이 배출한 탄소를 상쇄하려고 개발도상국에 있는 산림 프로젝트에 참여하기를 원했다. 처음에는 인도에서 진행된 프로젝트에, 최근에는 멕시코의 산림 프로젝트에 참여했다. 멤버들은 이 일에 관심이 많으며, 곧 열릴 멕시코 투어가 끝난 뒤에는 직접 플랜테이션을 방문하고 싶어한다. 이런 일들이 모두 사람들의 관심을 끌 수 있는 화젯거리가 된다."[9]

하지만 2006년 4월, 그리 좋지 않은 소문이 들려오기 시작했다. 《선데이 텔레그래프Sunday Telegraph》는 프로젝트가 여러 측면에서 문제가 있다고 보도했다. 카르나타카에서 카본뉴트럴컴퍼니의 사업 파트너인 '지속 가능한 발전을 위한 여성Women for Sustainable Development, WSD'이라는 NGO의 대표인 아난디 샤란 밀레Anandi Sharan Miele는 자기가 나눠준 묘목 8000개 중 40퍼센트가 고사했다는 사실을 인정했다.[10] 묘목을 키울 물이 없어 락쉬미사가라Lakshmisagara 마을에서는 130가구 중 오직 한 가구만 묘목을 받을 수 있었다. 자신의 땅에 우물이 있던 한 여성은 공급받은 묘목 150개 중 50개를 살려낼 수 있었지만, "나무 관리비로 해마다 2천 루피(26파운드, 약 4만 5000원)와 비료 한 봉지씩 받기로 했는데, 받은 건 묘목 뿐"이라며 불만을 터뜨렸다.[11] 다른 마을에서도 많은 사람들이 비슷한 불만을 쏟아내기 시작했다. "해마다 나무 관리비를 받기로 했지만 아무것도 받지 못했다"거나 "밀레 씨가 물을 공급하기로 했으나" 물탱크를 실은 차는 두 번밖에 오지 않았다는 등 문제를 제기했다.[12] '자연 보전을 위한 동북사회North East Society for the Protection of Nature'라는 인도 단체의 수미트라 고쉬Soumitra Ghosh는 "모두 예상한 일이다. 인도에서 진행된 거의 모든 플랜테이션 프로젝트는 나무 심기에 엄청난 녹색 이미지를 씌워 광고한 뒤, 그렇게 허무하게 끝이 났다"고 말했다.[13]

내막을 잘 모르는 일반 사람들의 눈에는 프로젝트의 실패가 그저 망고나무가 많이 말라 죽은 일 정도로 밖에 보였을 것이다. 하지만 망고를 수확해 생계를 꾸릴 수 있을 거라는 희망을 품었거나 망고나무가 탄소를 흡수하니까 이 나무를 키우는 것만으로도 돈을 벌 수 있을 거라고 믿던 마을 주민들에게 프로젝트의 실패가 무엇을 의미하는지 돌아보는 것은 간단한 문제가 아니다. 인도의 작은 마을 주민들처럼 경제적으로 넉넉하지 못한 사람들이 에너지와 자원을 투자해 망고나무를 키운다는 것은, 망고나무를 돌보려고 다른 농업 활동이나 경제적 기회를 포기한다는 것을 의미했다. 즉 망고나무 프로젝트가 실패로 돌아갈 경우 주민들이 할 수 있는 일은 아무것도 없다.

여기에 핵심이 있다. 이렇게 외부에서 일방적으로 추진되고 잘못 운영된 개발 프로젝트는 탄소 저장에 실패할 뿐 아니라 지역 공동체에 아주 큰 피해를 준다. 카본뉴트럴컴퍼니는 망고나무의 실패를 만회하려고 다른 프로젝트에서 상쇄배출권을 얻어 콜드플레이 같은 고객들을 안심시킬 것이다. 그렇다면 도대체 누가 카르나타카 사람들이 프로젝트 실패로 입은 상처와 경제적 손실을 책임질 것인가?

아무도 책임지지 않는 망고 플랜테이션

이런 프로젝트의 문제 중 하나는 성공담에서는 모든 사람들이 자신의 공을 주장하고 싶어하지만 실패한 이야기에는 아무런 책임을 지려 하지 않는다는 것이다. 대부분의 탄소 상쇄 기업들은 프로젝트 파트너가 프로젝트 이행 능력이 없을 경우에 책임지지 않아도 된다는 법적 책임 면제 조항을 가지고 있다. 밀레는 이 건에 관해서도 카본뉴트럴컴퍼니는 주민들에게 "생색내는 듯한" 태도를 보였다며 "그 사람들은 탄소 배출을 줄이려는 게 아니라 자기 이익을 위해서 일했다. 좋은 벌이가 되니까 하는 것"이라고 비판하고 있다. 반면 카본뉴트럴컴퍼니는 애초 계약했을 때 자신들은 프로그램 진행에 필요한 자금을 일부 대고, 플랜테이션에 물을 제공하고 관리하는 것은 '지속 가능한 발전을 위한 여성'이 맡아서 하기로 했다고 주장하고 있다. 한편 콜드플레이의 가까운 소식통에 따르면 밴드는 "좋은 뜻으로 퓨처포리스트와 계약한 것이다. 이제 나머지는 퓨처포리스트가 책임지고 관리해야 한다. 많은 밴드가 이런 일에 참여하고 있지만, 늘 순회공연을 해야 하는 밴드가 숲까지 관리하는 것은 사실상 어려운 일"이라는 의견을 나타냈다.[14]

《선데이 텔레그래프》에 기사가 보도된 지 두 달 뒤인 2006년 6월, 카본뉴트럴컴퍼니 홈페이지에서는 여전히 콜드플레이 팬들에게 망고나무를 팔고 있었다. 2006년 10월, 회사는 이 사업을 성공 사례로 소개하기도 했다. 회사는 이 프로젝트가 실현되길 바라며 기꺼이 돈을 낸 사람들에게 계획에 따라 일이 진행되고 있지 않는다는 소식만 전할 뿐 책임 있는 자세를 보여주지는 않았다. 2003년으로 거슬러 올라가 카본뉴트럴컴퍼니 프로젝트의 외부 검증자였던 에든버러 탄소관리센터^{Edinburgh Centre for Carbon Management, ECCM}는 카르나타카를 방문해 "지속 가능한 발전을 위한 여성은 계획에 맞춰 프로젝트를 진행할 수 없었고, 지역 농부들은 탄소 저장의 대가를 지급받지 못했다"는 결론을 내렸다.[15] 그러나 카본뉴트럴컴퍼니는 2~3년 동안 계속해서 이 프로젝트를 성공 사례로 포장해 홍보하고 팔았다. 검증자의 조사 결과가 공개되지 않고, 프로젝트 진행자도 문제 제기에 별 신경을 쓰지 않는다면 에든버러 탄소관리센터처럼 독립적이어야 할 검증자의 존재는 유명무실해질 것이다.

부정적인 기사가 보도된 지 한 달 뒤,《인디아 투데이^{India Today}》경제란에 인도에서 진행 중인 탄소 거래를 장려하는 기사가 실렸다. 그 기사는 망고 플랜테이션이 "온실가스 배출 통제와 관련, 막 싹트기 시작한 세계 무역의 새로운 얼굴"이라며, "혁신적인 비즈니스 아이디어가 어떻게 환경뿐만 아니라 세계의 가난한 지역을 풍요롭게 만드는 데 일조할 수 있는지 보여주는 주목할 만한 사례"

라고 얘기했다.[16] 아난디 밀레는 망고나무 잎 사이에서 웃고 있
는 사진과 함께 실린 인터뷰 기사에서 "콜드플레이는 오늘날 최고
의 사례가 아니다. 우리는 이것을 능가했다"며 자기가 참여한 그린
골Green Goal 제안을 소개했다. 국제축구연맹FIFA은 월드컵 준비 기간 동
안 카르나타카 5500가구에 가정용 바이오가스 플랜트를 설치하
는 것을 후원했다.[17]

지속 가능한 발전을 위한 여성은 현재 클라이미트케어하고
도 함께 일하고 있다. 클라이미트케어 홈페이지에는 지속 가능한
발전을 위한 여성을 "배출 감축 전문 기술을 가지고 있는 인도의
NGO"라고 소개하고 있다.[18] 지속 가능한 발전을 위한 여성은 라
자스탄Rajasthan에 있는 란탐보르 국립공원Ranthambhore National Park 마을 주민
들을 위한 바이오가스 소화조 건설 때문에 탄소 상쇄 제도 사업에
관한 계획서를 클라이미트케어에 제출한 상태다. 지속 가능한 발
전을 위한 여성은 이 프로젝트를 장기 관리하는 일을 맡았는데, 이
프로젝트가 카르나타카의 망고 플랜테이션만큼 '성공적'일지는 지
켜봐야 할 것이다.

1994년 네덜란드의 FACE[Forests Absorbing Carbon-dioxide Emissions] 재단은 우간다 당국과 우간다 엘곤산 국립공원[Mount Elgon National Park]의 땅 2만 5000헥타르에 나무를 심기로 계약을 맺었다. 또 다른 네덜란드 기업인 그린시트[GreenSeat]는 항공기 이용으로 발생한 탄소를 상쇄하기 바라는 고객들에게 엘곤산 플랜테이션의 탄소배출권을 팔기로 했다. 그린시트는 28달러(약 3만 2000원)만 내면, 프랑크푸르트에서 우간다의 수도 캄팔라까지 왕복 비행으로 발생한 이산화탄소 1.32톤을 '상쇄'할 수 있는 나무 66그루를 심을 수 있다고 홈페이지에 설명하고 있다.[20] '우간다 세계 자연보전 연맹[World Conservation Union]' 책임자인 알렉스 무훼지[Alex Muhwezi]는 이 프로젝트가 "우리는 나무를 심고 FACE 재단은 계속 오염을 할 수 있는 허가증을 얻는 것"이라며 격분했다.[21]

　　FACE 재단의 나무 심기 프로젝트를 자세히 들여다보면 이런 프로젝트가 지역의 복잡한 갈등을 더 심화시키고 있음을 알 수 있다. FACE 재단은 우간다에서 국립공원을 관리하는 우간다 야생동물보호국[Uganda Wildlife Authority, UWA]과 함께 일한다. 우간다 야생동물보호국과 FACE 재단이 공동으로 진행하고 있는 프로젝트는 211킬로미터에 이르는 국립공원 경계 안에 2~3킬로미터 폭으로 길게 나무를 심는 것이다. FACE 재단 책임자 데니스 슬리커$^{Denis Slieker}$에 따르면 계획된 2만 5000헥타르 중 3분의 1 이상의 부지에 이미 나무를 심어 놓았다.[22]

더불어 예전에 농지로 사용되던 땅에 다시 나무를 심어 숲을 조성하면서 프로젝트가 잘 관리되고 있다는 증거로 '국제 산림 관리협의회$^{Forest Stewardship Council, FSC}$' 인증도 받았다. 세계적인 조사·검증·인증 회사인 SGS$^{Societe Generale de Surveillance}$는 프로젝트가 국제 산림 관리협의회의 기준을 따르고 있는지 해마다 검증한다. 우간다에 있는 FACE 재단 프로젝트 진행자인 프레드 키자$^{Fred Kizza}$는 프로젝트가 지역 공동체의 수입과 생활 수준을 높이고, 특히 나무를 심고 관리하는 일자리를 창출했다고 주장했다. 농부들이 프로젝트를 통해 배분받은 묘목을 자기 농장에 심는다는 것이다.[23]

얼핏 엘곤산 프로젝트가 지역 공동체와 국립공원에 혜택을 준 것처럼 보인다. 그러나 좀더 자세히 들여다보면 탄소 상쇄를 바라는 네덜란드의 일반 소비자에게는 결코 알려지지 않은 심각한 문제가 있다는 사실을 알 수 있다.

우선 지방의회 공무원들이 고용과 관련된 주장에 반론을 제기했다. 공무원들에 따르면 일자리는 대부분 나무를 심는 기간에만 생기는 한시적인 것이었으며, 이것도 아주 적은 인원에게만 돌아갔다. 사람들은 오히려 프로젝트가 지역 공동체가 가지고 있던 소규모 토지와 수익을 앗아갔다고 호소했다. 땔감 모으기가 힘들

어지자 사람들은 콩처럼 오래 가열해야 하는 음식을 피하는 등 어
려움을 겪게 되었다.[24]

쫓겨난 엘곤산 주민들

1993년과 2002년, 우간다 야생동물보호국의 공원 관리인들
은 폭력을 써 엘곤산에서 주민들을 쫓아냈다. 2006년 지역 주민들
의 증언에 따르면 마지막 추방을 당했을 때 우간다 야생동물보호
국 공원 관리인들은 주민들을 모욕했다. 위협과 폭행, 고문을 하
고, 농작물까지 모두 뽑아버리는가 하면 심지어 총도 쏘았다.

FACE 재단 책임자 데니스 슬리커는 UWA-FACE 프로젝트
는 이런 문제들하고 아무런 상관이 없다고 부인했다. 데니스 슬리
커는 2001년 실시한 영향평가 결과를 말하며 프로젝트가 초래한
부정적인 영향은 "토지 부족, 공원 자원에 관한 접근성 감소, 위험
한 동물들 증가에 한정된다"고 말했다. 슬리커는 또 "더 정밀한 조
사에 따르면 이런 부정적인 영향은 재조림 사업으로 발생했다기보
다는 이 지역을 국립공원으로 전환하면서 나타난 것"이며, "프로젝
트를 수행하지 않았더라도 지역 주민들은 똑같은 상황에 처하게
되었을 것"이라고 주장했다.[25]

의심스러운 점은 우간다 정부가 UWA-FACE 나무 심기 프
로젝트를 시작하기 1년 전인 1993년에 엘곤산을 국립공원으로 지
정했다는 사실이다. 이 결정과 관련된 문제들은 프로젝트를 시작

하면서 뚜렷해지기 시작했고, 지금도 계속되고 있다. 국립공원 관리의 하나로 진행되고 있다고는 하지만, FACE 재단의 나무 심기는 국립공원 문제를 해결하기보다는 상황을 더 악화시키고 있다.

정부가 엘곤산을 국립공원으로 지정하면서 그 땅에 살고 있던 사람들은 모든 권리를 잃게 되었다. SGS는 "침입자들은 그 땅에서 경작할 수 있는 법적 권리가 전혀 없었다"며, 애초부터 아무것도 가지고 있지 않았다고 주장했다. 공원에서 추방당한 사람들 중에서 적절한 보상을 받은 사람은 아무도 없었다. 쫓겨난 사람들은 갈 곳이 없었고, 많은 사람들이 국립공원 안과 주변에서 계속 경작을 할 수 밖에 없었다.

우간다 야생동물보호국의 공원 관리인들은 군사훈련에 가까운 강도 높은 훈련을 받았다. 관리인들은 공원 경계 지역을 활발하게 순찰했고, 마을 사람들이 염소와 소를 방목하는 것을 금지했다. 만지야Manjiya 주의 국회의원인 데이비드 와키코나David Wakikona는 2004년 우간다 신문인 《뉴 비전New Vision》과 한 인터뷰에서 "공원 관리인들은 군인처럼 무장하고 있으며, 지금까지 50명도 더 넘는 사람들을 죽였다. 주민들은 정부가 사람보다 동물을 더 중요하게 대한다고 느끼고 있다"고 말했다.[26]

므베일Mbale 지역 부의장인 마소코이 스와리키Masokoyi Swalikh는 우간다 야생동물보호국의 접근 방식이 지역 주민들이 접경지 주위에 심은 나무를 고의로 훼손하게끔 갈등을 불러일으켰다고 지적했다. 공원 주변에 살고 있는 사람들에게 '나무'는 한때 자기 땅이던 곳에서 추방당하는 자신을 상징하는 존재가 되었다. 2003년 사람들은 하룻밤 사이에 공원 경계를 표시하는 4킬로미터가 넘는 면적의 유칼립투스 나무를 베어버려 추방의 원인이 된 나무에 분풀이를 했다.[27]

2002년 3월 우간다 야생동물보호국은 엘곤산에서 40년 넘게 살아온 사람들 수백 명을 또다시 쫓아냈다. 관리인들은 마을 주민들의 집을 부수고 농작물을 베어내고 쓸어버렸다. 갈 곳 없이 쫓겨난 사람들은 이웃 마을의 동굴이나 모스크로 옮겨가야만 했다.

마벰베^{Mabembe} 마을에서 50년 넘게 살고 있던 마을 원로인 코시아 마소로$^{Cosia Masolo}$도 2002년에 추방당했다. 코시아 마소로는 자식이 스무 명이나 있는데 경작할 땅은 3300제곱미터 밖에 되지 않는다. 2004년 인터뷰에서 코시아 마소로는 "우간다 야생동물보호국 사람들이 나무를 심으려고 와서는 우리가 숲에서 중요한 자원을 얻는 일을 모두 금지했다"고 티모시 뱌콜라$^{Timothy Byakola}$에게 말했다. 그리고 또 "우리는 무척 중요한 지역 전통 음식이자 수익원이기도 한 죽순^{malewa} 채취를 더는 할 수 없게 되었다. 숲에는 또 우리가 전통 할례 예식을 치르는 데 필요한 재료들이 있다"며 숲에 접근하는 권리를 박탈당한 현실을 증언했다.[28]

2002년 SGS는 사람들이 경작하던 땅을 숲으로 조성하려면

"일을 시작하기 전에 침입자들을 먼저 추방해야 한다"고 주장했다. 그리고 "엘곤산 국립공원은 그런 방향으로 갈 것"이며, "추방이 성공적으로 진행되려면 더 속도를 내야 한다"고 덧붙였다.[29]

누가 그 사람들을 쫓아내는가

그린시트에 이런 상황을 문의하자, 닐스 코탈 알테스[Niels Korthals Altes]는 처음에는 엘곤산에서 추방이 일어났다는 사실을 부정하며 "장담컨대 이 일은 우리 프로젝트와 상관없다"고 답했다.[30] SGS가 공개한 요약 보고서에서 추방을 언급한 사실을 지적하자, 코탈 알테스는 구체적인 질문에 답할 수 없으며 FACE 재단에 문의하라고 떠넘겼다. 며칠 뒤 알테스는 실제로 추방이 일어났다는 사실은 인정했으나 그린시트나 FACE 재단의 책임은 부정하며, "UWA-FACE 프로젝트와 주민들의 추방은 무관하다"고 이메일로 답했다. "국립공원 안에서 경작하는 것과 관련한 법 집행은 전적으로 우간다 정부의 결정에 따른 결과"라는 것이다.[31]

FACE 재단 책임자인 데니스 슬리커도 비슷하게 책임을 부인하고 있다. "우리는 우간다 야생동물보호국과 우간다 정부가 국립공원이라고 지정한 지역에 조림 사업을 진행하고 있다"면서, "만약 그곳에 불안정 요인이 존재한다면 해결되어야 한다. 우간다 정부가 우간다 야생동물보호국과 함께 주민들의 추방을 결정했다면, 그것은 그 사람들이 책임을 져야 할 일이다. 우리 책임이 아니

다"라고 말했다.[32]

슬리커는 조림 프로젝트에는 국립공원 경계에 10미터 폭으로 유칼립투스 나무를 줄지어 심는 것도 포함되어 있다고 설명했다. "이것은 지역 공동체가 관리할 수 있는 장대와 땔감 등의 자원을 제공해 국립공원 안의 자원에 가해지는 압력을 줄일 목적으로 계획된 것이다."[33] 슬리커는 1993년 주민들이 추방당한 사실은 인정했지만, 주민들이 지금도 추방당하고 있지는 않다고 주장하고 있다.[34] 슬리커는 프로젝트가 시작된 뒤에 일어난 추방은 알지 못하는 것처럼 보였다. 2006년 7월 연구원들이 엘곤산을 방문했을 때, 공원 주변 지역 주민들의 추방은 완전히 끝나지 않은 상태였으며, 지역 공동체와 우간다 야생동물보호국의 분쟁도 계속되고 있었다.

베넷[Benet] 사람들은 엘곤산의 원주민이다. 베넷 사람들은 1983년과 1993년 추방당한 뒤 자신의 토지 권리를 주장하려고 정부를 법원에 고소하기로 결정했다. 2003년 8월, '우간다 토지연맹[Uganda Land Alliance]'이라는 NGO의 도움을 받아 법무장관과 우간다 야생동물보호국을 상대로 소송을 제기했다. 베넷 사람들은 끊임없이 자신들을 괴롭힌 우간다 야생동물보호국을 고소했다. 한편 소송이 진행되는 동안 정부는 지역의 모든 교육과 의료 서비스를 중단하고, 주민들이 그 일대에서 활동을 할 수 없게 했다.

2005년 10월, 판사 카투시[J. B. Katutsi]는 "베넷 사람들은 야생생

물 보호 지역이나 국립공원으로 지정된 이 지역의 오랜 토착 주민"이라고 판결했다. 카투시는 국립공원 지정을 해제해야 하며, 베닛 사람들이 자기 땅에서 계속 살면서 경작할 권리가 있다는 결론을 내렸다.[35]

UWA-FACE 프로젝트는 정확하게 지역 공동체와 분쟁이 있는 지역인 엘곤산 국립공원 경계에 나무를 심는 것이다. 당연히 누가 어떤 방식으로 경계를 결정하느냐가 공원 관리인과 지역 공동체 사이에서 가장 첨예한 문제다.

공원 주변 지역 주민들과 생긴 마찰 말고도 나무를 심는 FACE 재단과 탄소 상쇄분을 파는 그린시트 사이에도 문제가 있다. FACE 재단 측에서 심은 나무의 수명을 장담할 수 없다는 것이다. 2004년 2월《뉴 비전》은 경찰이 "엘곤산 국립공원을 침입해 UWA-FACE 프로젝트의 하나로 심은 나무 1700그루를 훼손한 혐의"로 주민 45명을 검거했다고 보도했다.[36]

슬리커에 따르면, 이것은 그리 큰 문제가 아니다. "나무를 수백만 그루나 심었으니 1700그루 정도는 괜찮다. 광활한 땅에 나무를 심으면 나무 몇 그루는 죽기 마련이다. 어떤 나무는 다른 나무에 가려 제대로 크지 못해 죽을 수도 있다. 생태계에서 늘 일어나는 일이다. 우리는 이미 이런 상황을 이산화탄소 계산 모델에 반영했다. 이 모델은 탄소 흡수로 얻은 순이익만 계산한다. 우리는 심지어 사람들이 나무를 베어버릴 수 있다는 것까지 고려한다. 그렇게 되면 우리는 탄소배출권을 획득할 수 없게 된다. 이산화탄소 계산 모델은 이렇게 간단하다."[37]

그린시트와 FACE 재단은 엘곤산 프로젝트가 기후변화 억제에 도움이 될 수 있을지 장담할 수 없다. 프로젝트의 실제 효과를 알 수 있는 유일한 방법은 국립공원에서 쫓겨난 사람들 수천 명을 추적해서 추방 전과 뒤의 탄소 배출량을 비교하는 것이다. 엘곤산 국립공원에서 추방당한 사람들의 행동을 정확하게 예측하기는 힘들다. 다른 지역의 숲을 개간해 계속 농사를 짓는 사람도 있을 것이며, 토양을 침식시키면서 공원 근처에서 방목을 하는 사람도 있을 것이다. 여전히 국립공원 안에서 경작을 시도하는 사람이나 도시로 이주해 고탄소 생활을 하고 있는 사람도 있을지 모르겠다.

그린시트의 탄소 상쇄 노력은 세계자연보호기금 네덜란드 지부[WWF Netherlands]와 그린시트의 고객인 네덜란드 상원의원, 하원의원, 바디샵[Bodyshop], 국제사면위원회의 지원을 받고 있다. 네덜란드 국제사면위원회 국장인 루트 보스그라프[Ruud Bosgraaf]는 "우리는 엘곤산 추방에 그린시트가 연루되어 있다는 사실을 몰랐다"고 말했다.[38] 보스그라프의 말이 맞다. 그린시트는 아무도 쫓아내지 않았다. FACE 재단도, SGS도, 아무도 쫓아내지 않았다…….

하지만 그린시트는 탄소 상쇄분을 팔려고 자사 홈페이지에서 우간다 조림 사업을 홍보하고 있다. 이 나무 심기 프로젝트는

엘곤산 국립공원의 관리 아래 진행되는 것이다. FACE 재단의 엘
곤산 파트너인 우간다 야생동물보호국은 군사 훈련을 받은 공원
관리인들을 동원해 지역 주민들을 무력으로 추방했다. 나무 심기
가 계속된다면, 그린시트가 상쇄 배출권을 계속 판다면, 더 많은
주민들이 쫓겨날 것이다.

엘곤산 원주민에게도 권리는 있다

그린시트와 FACE 재단, SGS는 배출한 탄소를 상쇄하는 게
아니라 추방에 관한 책임을 상쇄하고 있다. 엘곤산이 분쟁과 추방
에 관한 문제로 시끄러울 때 자신의 행동을 정당화하거나 책임을
회피하려고 각각 다른 사람들에게 책임을 떠넘기려고 했다. FACE
재단은 추방과 관련해 엘곤산 프로젝트 파트너인 우간다 야생동
물보호국을 비난하는 대신, 1998년부터 엘곤산에서 보존 프로젝
트를 진행하고 있는 국제자연보호연맹International Union for Conservation of Nature and
Natural Resources, IUCN에 문의하라고 했다. 하지만 국제자연보호연맹도 이
문제는 잘 모른다며, 추방은 자기 책임이 아니라고 말했다.

FACE 재단은 우간다 야생동물보호국의 난폭한 엘곤산 국
립공원 운영의 국제적인 공범자다. 엘곤산에서 진행된 모든 국제
프로젝트 중 가장 정당성을 주장하기 어려운 일이 FACE 재단의
나무 심기다. UWA-FACE 프로젝트하고는 별도로 국립공원 운
영 과정에서 지역 공동체와 마찰이 생길 수 있다. 하지만 UWA-

FACE 프로젝트가 갈등을 악화시키고 있다는 사실은 부정할 수 없다. 이 프로젝트가 완전히 마무리되고 나면 전체 국립공원 주변으로 2~3킬로미터의 제한 구역이 설정되어 마을 주민들의 권리는 완전히 무시되거나 심각하게 제한될 것이다. 우간다 야생동물보호국의 공원 관리인들은 UWA-FACE 계약에 따라 99년간 나무의 생존을 보장하려고 나무를 보호해야 할 것이다. 그 기간 동안 숲이 만들어내는 모든 가치와 이익은 엘곤산에서 수천 킬로미터 떨어진 곳에 있는 FACE 재단의 것이 된다. 프로젝트 수행 전과 비교해 실제로 나무가 더 많은 탄소를 흡수할 수 있을지 판단하는 것은 불가능하다. 마을 주민들에게 이 프로젝트는 문젯거리이자 문제 해결을 더 어렵게 만드는 골칫거리다.

엘곤산 프로젝트를 비판하던 FACE 재단의 내부 연구원 때문에 이 일이 신문에 실리자 데니스 슬리커는, "유감스럽게도 이 기사는 우리가 프로젝트 개선을 위해 얼마나 최선을 다하고 있는지 충분히 전달하고 있지 않다"고 말했다. 또 기사는 대안이나 해법을 제시해야 한다고 말을 꺼내며 "물론 비판적일 수 있다. 하지만 우리는 기후변화, 산림 파괴, 사회 문제 등 굵직한 문제에 대안을 제시할 수 있는 좀더 건설적이고 해법을 다루는 기사를 바란다"고 답했다.

'산림 파괴'와 '사회적인 측면'에 대안을 제시한다는 측면에서, 국립공원과 주변에 사는 사람들의 토지 권리는 무엇보다 시급한 문제다. 문제 해결을 위한 첫 걸음은 국립공원 경계 지역이 무척 논쟁이 많은 곳이라는 사실을 인정하는 것에서 시작해야 한다. 공원 경계를 미리 설정하고 일방적으로 전달하는 하향식 해법은 공원 관리인과 지역 주민 사이의 갈등을 절대로 해결하지 못한다. 지역 주민들이 탄소를 저장하고 있는 나무를 훼손하는 것을 막아야 하는 FACE 재단은 이미 분쟁이 심화되고 있는 이 지역에 긴장을 더하고 있다. UWA-FACE 프로젝트 때문에 국립공원의 경계가 경계석이 아니라 탄소로 결정되고 있다. 국립공원을 관리하는 우간다 야생동물보호국의 '권리', 대기에 이산화탄소를 계속 내뿜을 수 있는 북반구의 '권리'에 집중하기보다 엘곤산 국립공원과 그 주변에 살고 있는 사람들의 '권리'를 시급하게 돌아봐야 한다.

남아프리카공화국(남아공)이 아프리카를 새로운 탄소시장의 세계로 이끌고 있다. 2005년 말, 교토 체제의 청정 개발 체제 탄소 상쇄 프로젝트하고는 별개로 케이프타운의 구굴레투^{Guguletu}＊ 주민들은 클라이미트케어한테 에너지 고효율 전구^{Compact Fluorescent Lamps, CFLs} 1만 개를 받았다.

애초 클라이미트케어의 계획은 에너지 고효율 전구를 사용하면 온실가스가 얼마나 많이 줄어드는지 산출해 감축분을 사려는 북반구 소비자에게 파는 것이었다. 다른 상쇄 제도와 마찬가지로 이 프로젝트도 자유시장을 추구하는 환경보존주의 방식을 활용해 오히려 정부와 기업, 소비자가 탄소 집약적인 생활을 유지하게 만든 대표적인 사례다. 고효율 전구 프로젝트는 세계에서 가장 취약한 자국 국민과 세계 자유시장 사이에 놓인 남아공 정부의 역설적인 상황과 그 속에서 겪는 어려움을 보여주고 있다.

첫째 문제는 '추가성'에 관련된 것이다. 클라이미트케어는 자기가 재정을 지원하지 않으면 프로젝트가 진행될 수 없을 것이라

＊　남아프리카공화국 수도 케이프타운 남쪽에 있는 마을. 인종분리 정책 기간에 백인들이 흑인들을 케이프타운에서 내쫓으면서 형성된 가난한 마을이다.

며, 케이프타운 시와 협약을 맺었다. 추가성은 이것이 기준으로 삼고 있는 가상의 추측을 뒤엎어버릴 수 있는 미래 상황을 정확히 예측할 수 없기 때문에 상쇄 프로젝트에서 항상 논쟁이 되었다. 구굴레투 프로젝트의 경우, 클라이미트케어가 전구를 나눠준 지 몇 달 뒤 지역 에너지 공급자인 에스콤Eskom이 전구를 나눠주는 바람에 '추가성'이 손상되었다. 에스콤은 대규모 정전 사태를 보상하려고 구굴레투 주민을 포함한 케이프타운 시민에게 에너지 고효율 전구를 나눠줬다. 클라이미트케어가 북반구의 소비자에게 팔고 있던 가상의 탄소 배출 감축분은 클라이미트케어가 돈을 쓰지 않아도 확보할 수 있었기 때문에 추가성의 원칙이 훼손된 것이다.

나아가 클라이미트케어의 전무이사인 톰 모튼Tom Morton에 따르면, 회사는 설치에 관한 지원은 전혀 없이 전구와 보고서 작성에만 비용을 댔다.[39] 구굴레투 시가 지역 에너지 상담소를 통해 실질적인 보급 업무를 맡았다. 주민들은 정부와 국제적인 기업의 준비 안 된 거래에서 무력한 수령인으로 전락했다. 남반구에서 진행되는 상쇄 프로젝트에서는 으레 있는 일이지만, 구굴레투 주민들은 "국제 자선단체의 일방적인 수령자"로 프로젝트 전체 내용과 배경에 관해서는 아무런 이야기도 듣지 못했다. 북반구의 화석연료 소비를 정당화하려고 지급된 전구를 주민들이 어떻게 생각하는지 아무도 관심이 없었다.

그리고 이 프로젝트 때문에 가난한 남아공 사람들은 자신도

모르게 탄소 세계의 공모자가 되었다. 여기에는 영국항공이나 영
국가스^{British Gas} 등 대기업이 자기 이익을 위해 남아공 주민의 전구를
교체해 획득한 배출권을 사용하는 것도 포함된다.

이 두 기업은 클라이미트케어의 가장 큰 파트너로, 클라이미
트케어는 이 기업들을 "최고의 환경 실천자"라고 치켜세운다. 영국
가스는 세계적인 화석연료 채굴업체로 이산화탄소 대량 배출자다.
이 회사는 민주적인 절차로 석유 자원을 국유화한 볼리비아를 상
대로 법적 소송을 진행하고 있다. 영국가스는 현재 볼리비아에서
진행 중인 두 개의 대형 가스전 개발 사업의 파트너이며, 아직 생
산을 시작하지 않은 여덟 곳의 지역을 탐사할 수 있는 권리도 가
지고 있다.

영국가스나 클라이미트케어는 이런 이해의 충돌은 전혀 얘
기하지 않아 이 기업들이 탄소배출권을 구매하는 동기에 의구심을
품게 한다. 대신 클라이미트케어는 2004년 연례보고서에서, 기업
고객이 상쇄배출권을 어떻게 사용하느냐는 중요한 문제가 아니라
며 "고객의 동기까지 신경 쓸 겨를이 없을 만큼 기후 위기는 아주
시급하다"고 선언했다.[40] 우리는 다시, 이곳에서 '반정치 장치'를
본다. 클라이미트케어는 자신의 고객이 사회적·환경적으로 비난
받는 활동을 효과적으로 '그린워시'하는 데 기후 위기의 긴급함을
이용하고 있다.

프로젝트 내부적으로도 뿌리 깊은 논쟁으로 남아 있는 전구

배급과 관련된 문제가 있다. 먼저 구굴레투 거리에서 스카우트된 지역 배포자 열 명은 단 열흘 동안 전구 1만 개를 나눠주라는 임무를 맡게 되었다.[41] 이렇게 급하게 진행된 작업에서 전구 배포와 함께 진행되어야 할 전구의 가치와 사용법에 관한 교육이 제대로 됐을 리 없다. 주민들도 이 부분이 가장 큰 불만이라고 했다.[42] 주민들을 만나보니 다른 문제들도 많이 드러났다. 에너지 고효율 전구 가격은 2달러 80센트(약 3000원)다. 흔히 쓰던 전구보다 다섯 배나 비싸다. 월수입 135달러(약 15만 원) 미만인 지역에서 이런 비싼 전구는 선택 사항에 끼지 못한다.

접근성의 문제도 있다. 에너지 고효율 전구를 들여놓은 큰 소매상들이 구굴레투 같은 마을에는 없다. 즉 에너지 고효율 전구를 사려면 비싼 택시를 타고 도시로 나가야 한다는 말이다. 주민들에게는 동네 모퉁이 가게에서 싼 전구를 사는 게 더 합리적으로 보인다.

이 정도는 프로젝트에 호의적인 관점에서 제기하는 수준이고, 여기에는 또 다른 문제가 있다. 에너지 고효율 전구를 한 번 공짜로 받은 주민들은 또다시 공짜 전구를 받지 않을까 하는 기대를 하게 되었다. 프로젝트가 시작된 지 두 달 뒤 클라이미트케어가 실시한 조사에 따르면 에너지 고효율 전구 69개가 고장이 났지만, 교체된 것은 하나도 없었다. 사업 대상 가구 중 37퍼센트(3009가구 중 1131가구)를 대상으로 실시된 조사는 에너지 효율에 관한 인식 증진을 우선 과제로 꼽았다. 결국은 포괄적인 에너지 절약 아이디어를 알려주는 게 더 효과적인 것이다. 케이프타운 환경처 책임자는 온수 난방기를 사용하지 않을 때 스위치를 끄는 것만으로도 전기요금의 40~60퍼센트를 절약할 수 있다고 얘기했다.[43]

지역 대학의 디터 홀름$^{Dieter Holm}$ 교수[44]는 지속 가능한 발전을 위해 프로젝트를 진행할 때 도움이 될 몇 가지 제언을 했다. 홀름 교수는 가정에서 전기 사용량을 줄이는 데 에너지 고효율 전구 프로젝트가 "진행하기 쉽고 효과도 바로 나타난다는 점"에는 의심의 여지가 없지만, 전구를 좀더 높은 소득 계층에 소개했다면 더 효과적이었을 것이라고 말했다. 홀름 교수는 고소득층이 새로운 기술을 시도해보는 데 더 적극적이며, 더 많은 전기를 사용하고 있을 뿐 아니라 한 번에 전구를 23~30개나 바꿀 수도 있다고 주장한다.[45] 게다가 만약 이런 기술이 저소득층에만 소개되고 고소득층이 사용하는 경우가 눈에 띄지 않는다면, 이 제품은 가난한 사람용으로 낙인찍힐 것이다(남아공에서는 무척 현실적인 얘기다). 이런 예로, 홀름 교수는 저소득 거주자를 위해 태양열 난방에 보조금을 준 사례를 들었다. 저렴하고 쉽게 구할 수 있는 제품을 만들려고 제조자들은 질이 낮은 제품을 생산했고, 결국 사람들은 태양열 난방을 배척하게 됐다. 에너지 고효율 전구를 도입하는 데 가장 큰 걸림돌도 이것이 '가난한 사람용 전구'라고 낙인찍힐까 염려된다는 점이다.

또 다른 문제는 클라이미트케어의 프로젝트 연루와 관련 있다. 회사는 고효율 전구를 나눠주기 전에 지역을 방문했다고 인정했다. 마구잡이 조사였어도 지역 방문을 통해 전구 교체보다 훨씬 더 심각한 문제가 드러났을 게 분명하다. 국영 주택은 오래된 조명도 설치할 수 없는 엉망이 된 배선, 페인트도 칠하지 않은 천장, 축축한 벽 등 그야말로 초라한 상태에 있었다. 남아공 정부는 국영 주택을 "가난한 사람들만을 위한 주택용으로 지었다"는 비판을 받았다.

그러나 벌이가 시원찮은 이곳에서, 매달 내는 집세 150달러(약 17만 원)는 세입자들이 감당할 수 있는 수준을 넘어선다. 인터뷰를 한 어느 주민은 "정부는 주민들을 집 밖으로 쫓아내려 했고, 우리는 다시 돌려놓았다. 돈을 다 낸 뒤에도 몇몇은 권리 증서를 갖지 못했다. 우리는 계속 법정에 설 것이다. 사건은 아직도 진행 중이다. 그저 평범한 사람처럼 살고 싶다. 우리는 새로운 남아프리카공화국에서 여전히 고통을 받고 있다"고 불만을 털어놨다.[66]

클라이미트케어가 어떻게 전구가 5~10년이라는 수명을 다하고 있는지 확인하고, 에너지 절약분을 정확하게 측정할 수 있을까 하는 문제가 남아 있다. 이런 모호함이 있는데도 2005년 클라이미트케어의 연례 보고서는 이 프로젝트가 잘 완료되었다고 기록했다. 클라이미트케어는 고객들에게 위에서 얘기한 어떤 문제도 알리지 않았다. 게다가 톰 모튼은 회사에 쏟아지는 비판을 이렇게 일축해버린다. "탄소 상쇄 프로젝트는 우리가 일상생활에서 배출하는 탄소에 값을 매기는 첫 시도이며, 실제로 탄소 배출량을 줄이고 있다."[47]

5

스타 마케팅과
기후변화

"영국에서는 물론이고
유럽 안에서도 더는
비행기를 타는 일은 없다.
다 필요 없는 것들이다."

대중 스타가 탄소 상쇄 프로그램을 열정적으로 지지한 것은 일반
인한테 탄소 상쇄가 빠르게 전파되는 데 불을 지피는 계기가 되었
다. 스타를 향한 대중의 선망 덕분에 상쇄 프로그램에 이름이 올라
있는 것만으로도 어느 정도 홍보 효과와 정당성을 얻을 수 있고,
일반인이 탄소 상쇄 프로그램에 투자를 하고 지원하는 계기가 될
수 있다. 연예 정보 신문과 잡지가 탄소 상쇄를 분석하고 비판하는
기사를 쓸 가능성은 거의 없다. 우리가 보는 것은 대부분 탄소 상
쇄 회사와 스타 홍보 담당자가 공동으로 작성한 보도자료를 조금
수정한 정도의 기사다. 이런 기사들은 탄소 상쇄를 기후변화에 대
응하는 아주 흥미롭고 새로운 방법으로 소개하면서, 으레 스타들

의 선행과 환경을 생각하는 마음을 치켜세운다. 기후변화에 효과적으로 대응하는 데 꼭 필요한 풀뿌리 대중의 참여를 높이려면 역할 모델, 즉 사람들이 행동을 모방하고 싶어하는 공인이 필요하다. 이 사람들은 교사나 종교 지도자처럼 지역에서 존경받는 인물일 수 있다. 그러나 세계화된 미디어를 공유하고 있는 지금 시대에는 대중 스타가 이런 역할 모델이 될 가능성이 높다.

이번 장에서는 스타들이 〈라이브 8Live 8 콘서트〉*와 〈가난을 역사의 뒤안길로Make Poverty History, MPH〉 등의 캠페인성 행사에 참여하게 된 과정을 살펴보고, 기후변화 관련 스타 마케팅에서 어떤 교훈을 얻을 수 있는지 알아보겠다. 또 카본트레이드워치는 연예 산업에 몸담고 있는 두 사람을 만나 기후변화 인식을 높이는 활동에 참여하는 것과 카본뉴트럴컴퍼니 등의 상쇄 회사를 통해 책임을 상쇄하지 않고 직접 배출을 줄이기로 결심하게 된 계기를 물어봤다.

스타 마케팅은 어떻게 작동할까

스타가 지지를 보내는 것이 탄소 상쇄를 정당화하는 데 어떻게 도움이 될까? 그리고 왜 우리는 유명인들의 행동을 진지하게 받아들여야 할까? 일반적인 수준에서 스타 마케팅을 활용한 정치는 정치권과 언론의 협력의 상징으로 여겨질 수 있다. 새로운 형

---

* 2005년 7월 2일 4개 대륙 10개 도시에서 아프리카 빈곤 퇴치를 촉구하며 열린 초대형 콘서트.

태의 '미디어화', '심미화'된 정치가 탄생한 것이다.[1] 북반구의 민주주의 제도가 맞닥뜨린 정통성의 위기에서 정치적인 의지의 형성은 갈수록 공식적인 정치 공간의 바깥에서 일어나고 있다. 정치인들은 이런 흐름에 빠르게 반응한다.

엘 고어[Al Gore]는 〈오프라 윈프리 쇼〉에 출연해 기후변화를 얘기하고, 토니 블레어는 영국의 〈리차드 앤 주디 쇼〉에서 이라크 전쟁을 선전하고 있다. 요즘 주요 정치인들(동료 의원들은 말할 것도 없이)은 토크쇼에서 하는 개인적인 인터뷰를 마치 뉴스 프로그램에서 진행하는 심각한 대담처럼 받아들이는 것 같다. 스타도 정치인처럼 행동한다. 스타라는 지위를 세계 지도자들의 회담 테이블에 앉을 수 있는 티켓으로 활용하기도 한다. 유투의 보노[Bono], 브래드 피트와 안젤리나 졸리[Angelina Jolie]는 고위 정치인들과 기업 총수들이 글로벌 정치 의제를 설정하려고 만나는 다보스 세계경제포럼의 초대 손님이었다.

스타가 끼치는 영향은 정치적인 의사 결정에만 한정되는 것이 아니라 대중이 스타가 지지하는 행동에 일체감을 느끼게 하며 '신뢰'하게 하므로 새로운 정당성을 부여하는 수단이 되기도 한다. 탄소 상쇄는 최근에 유행하는 이런 유형의 스타 마케팅인 것이다. 기본적으로 스타 마케팅은 제품 판매에 효과적이다. 한 학술 조사는 오프라 윈프리[Oprah Winfrey]가 추천한 책이 대부분 베스트셀러 순위가 오른 것을 발견했다.[2] 스타 마케팅에 관한 110건에 이르는 연구

결과도 "미래 수익에 긍정적인 효과가 있음"을 밝히고 있다.[3]

스타 마케팅은 단순히 제품만 파는 게 아니라 스타의 개성을 통해 전달되는 제품의 이미지를 파는 것이기 때문에 효과적이다. 인류학자인 그랜트 맥크라켄Grant McCracken은 특정 제품의 가치가 스타 마케팅을 거치면서 스타가 구현한 가치로 바뀐다고 주장한다. 이렇게 되면서 제품에 관한 애착, 궁극적으로는 제품을 향한 욕망이 형성된다는 것이다.[4] 이런 효과는 정치인과 정치적 견해에 관한 스타 마케팅과 관련한 연구에서도 나온다. 물론 스타 마케팅의 효과는 특정 스타에게 느끼는 친밀감과 매력의 정도, 팬들이 기존에 가지고 있던 정치적 성향에 따라 차이가 나기도 한다.[5] 탄소 상쇄의 경우 환경을 위해 좋은 일을 하고 싶다는 열망이 탄소 상쇄 배출권 구입이라는 구체적이고 시장성 있는 반응으로 나타나 스타 마케팅이 더 잘 작동하게 되는 것이다.

하지만 스타 마케팅이 단순히 제품만 파는 것은 아니다. 제품과 관련 있는 특정 방식, 더욱 중요한 것은 기후변화와 관련한 '참여 방식'을 판다. 커뮤니케이션 학자인 데이비드 마샬David Marshall은《대중 스타와 권력Celebrity and Power》에서 일반적으로 이런 스타 마케팅 문화는 개인화된 방식의 일체화와 사회화 과정을 조장해 결국 시민의 할 일을 상품을 선택하는 것으로 제한한다고 주장하고 있다.[6] 따라서 이런 방식은 기후변화 문제와 해결을 다루는 '공론의 장'을 텅 빈 공간으로 만들어버리는 데 일조한다. 스타의 에너지 소비 상쇄를 다룬 기사는, 그 사람들이 무엇을 하고 있느냐보다 이런 일을 하고 있다는 단순한 사실에 더 집중하게 하고, 스타 마케팅의 문제점을 비판하는 질문을 회피하게 한다. 이런 식으로 스타를 동원한 캠페인은 탄소 상쇄를 분석적으로 검토할 수 없게 만들고, 대중이 논의해야 할 복잡한 정치적인 문제를 개인의 생활양식 문제로 축소하는 경향이 있다.

〈라이브 8〉 콘서트의 대실패

최근 유명 스타들이 진보적 관점에서 참여한 대표적인 사례로 팝스타 밥 겔도프$^{Bob\ Geldof}$와 보노가 후원한 〈가난을 역사의 뒤안길로〉라는 빈곤 퇴치 캠페인이 있다.

2005년 7월, 20여만 명이 G8 정상회담에 압력을 넣을 목적으로 하얀 팔찌를 차고 에든버러로 모여들었다. 사람들은 G8 정상들에게 해외 원조를 늘리고, 62개 최빈국의 부채를 탕감해주며, 북반구 농민들을 지원하는 보조금과 보호무역주의 지원책을 폐지하는 시기를 확정하고, 가난한 나라들에게 자유화와 민영화를 강요하지 말라고 요구했다. 정상회담을 앞두고 겔도프와 보노, 영화감독 리차드 커티스$^{Richard\ Curtis}$는 정상회담 기간에 맞춰 세계적인 팝스타들과 함께 하는 대형 콘서트인 〈라이브 8〉을 세계 곳곳에서 열겠다고 발표했다.

그러나 시간이 지날수록 〈가난을 역사의 뒤안길로〉 캠프에서 일하는 많은 사람들은 콘서트의 화려함에 가려 본질이 퇴색되고 있다는 사실을 절감했다. 남아공의 몇몇 평론가들은 국제 기아 문제 해결을 위해 20년 전 겔도프가 시도한 일을 떠올렸다. "1980년대 중반 밥 겔도프가 기아 문제 해결에 필요한 자금을 마련하려고 기획한 〈라이브 에이드Live Aid〉는 실패한 것으로 여겨진다. 왜냐하면 〈라이브 에이드〉에서는 제국주의 역학 관계, 자본 축적, 개혁이 불가능한 국제기구, 부패한 지역 지도층들에 관한 문제가 간과되었기 때문이다. 같은 문제가 〈라이브 8〉에서도 재현되었으며, 심지어 더욱 확대되었다."[7]

정상회담을 향한 언론의 관심은 정상회담 뒤 열린 기자회견에서 겔도프의 최종 공식 발표와 함께 최고조에 이르렀다. 겔도프는 이렇게 말했다. "모든 것이 명확해졌다. 아프리카와 아프리카 대륙의 가난한 사람들은 지난 3일 동안 진행한 논의로 지금까지 있던 어떤 정상회담하고도 비교할 수 없을 만큼 더 많은 것을 얻었다."[8] 유명인이라는 이유로 겔도프는 언론의 엄청난 집중을 받을 수 있었으며, 몇 마디의 극적이고 간략한 발언으로 G8 정상회담을 미화했으며, 정상회담과 신자유주의 정책을 폐지하라고 요구한 비판적인 저항의 목소리들을 일축해버렸다. 이것은 국가 정상급 인사들에게 정치적 정당성을 부여했다는 측면에서 엄청난 혜택을 준 것이다.

문제를 사운드바이트로 축소하기

당연히 다른 캠페인 참가자들은 격분했다. 아프리카 대안포럼African Forum on Alternatives의 세네갈 경제학자인 뎀바 무사 뎀벨Demba Moussa Dembele은 "사람들이 스타에게 속으면 안 된다. 아프리카는 아무것도 얻지 못했다"고 말했다.[9] 다르에스살람 대학University of Dar es Salaam의 이사 쉬브지Issa Shivji 법학 교수는 "겔도프가 시도한 방식의 라이브 에이드 밴드Live Aid Bands와 콘서트는 서구 지도자들에게 아프리카인의 생활과 국정에 군사적 개입과 정치적 간섭을 하기 위한 정치적 정당성을 부여하며, 북반구 부자들의 양심을 달래줄 뿐이다. 빈곤을 종식시키려면 먼저 빈곤의 역사를 이해해야 한다"고 말했다.[10]

스타 마케팅의 관건은 분석적인 검토와 본래의 취지는 사라진 채 매체 친화적인 '사운드바이트'*만 남아서 폭넓은 대중에게 비판 없이 수용된다는 점이다. 〈가난을 역사의 뒤안길로〉에 참여한 단체 중 하나인 크리스천 에이드Christian Aid의 정책국장인 찰스 애버그레Charles Abugre는 이렇게 말했다. "수백만 명이 콘서트를 봤지만 거기에 분석적인 검토가 있었는가? 메시지는 무엇이었나?" 〈가난을 역사의 뒤안길로〉는 아프리카인이 진정으로 원하는 자유나 우리가 실제 저항하고 있는 **신식민주의**와 신자유주의에 관한 문제

---

* 사전의 의미는 '뉴스 인터뷰나 연설 등의 핵심 내용이 축약된 문구'다. 쉽게 말해 신문이나 방송에서 '따서' 쓰기 좋은 짧은 문구라고 보면 된다. 정확한 내용을 전달하기보다는 사람들의 관심을 끌려는 목적이 강하다.

제기가 아니라 일회성 구호와 자선행위에 불과했다.[11]

기후변화 문제에 스타들이 참여하는 것도 비슷한 모습으로 나타나고 있다. 남북 관계, 생태 부채, 전지구적인 에너지와 자원 배분의 불평등, 신자유주의 경제 체제의 확산과 화석연료 소비의 연관성처럼 복잡한 문제들은 교묘하게 축소되었다. 특정 기업에 돈을 좀 내는 것으로 기후변화 위협과 관련된 염려를 불식하려는 것이다. 하지만 불행히도 이것은 그리 간단한 문제가 아니다. 탄소 상쇄처럼 가짜 해결책에 스타가 동원되면서, 효과적으로 기후변화에 대응하려면 사회 변화가 가장 중요한 전제 조건이라고 인식하는 의식의 전환이 지연될 수밖에 없다. 탄소 상쇄에 스타 마케팅을 활용하는 것은 기후변화에 적극적으로 행동할 수 있는 가능성을 축소해버리는 것이다. 즉 기후 행동의 가능성을 매력적인 연예 산업의 부수적인 친환경 액세서리 정도로 상품화하는 것이다.

아룬다티 로이와 필립 풀먼의 좋은 예

그렇다면 어떻게 해야 유명 인사와 연예 산업 종사자의 유명세를 효과적인 기후변화 행동과 논의를 위해 긍정적으로 활용할 수 있을까? 먼저 남의 이목을 끄는 힘을 활용해 주류 사회에서 소외된 목소리가 전달될 수 있는 기회로 삼을 수 있다. 좋은 예를 살펴보자.

비록 기후변화와 관련은 없지만, 2004년 인도에서 열린 세계

사회포럼^{World Social Forum}*에서 소설가 아룬다티 로이^{Arundhati Roy}가 이라크 전쟁에서 수익을 챙기고 있는 다국적 기업에 맞서 공동 캠페인을 벌일 것을 제안한 일을 들 수 있다.《레드 페퍼^{Red Pepper}》의 편집자인 오스카 레예스^{Oscar Reyes}는 스타의 정치적 행보를 다룬 기사에서 "몇 달간 진행한 회의에서도 합의하지 못한 일을 해결하는 과정에서· '하나의 과제를 위해 공동의 지혜를 모으자'고 제안하면서 아룬다티 로이가 어떻게 촉매제 구실을 했는지, 세계사회포럼을 통해 카스트 제도 아래서 억압받고 있던 달릿^{Dalit} 여성들에게 어떻게 불만을 털어놓을 수 있는 자리를 마련해주었는지" 썼다. 그리고 "이 사례는 유명인이 단순히 다른 사람의 문제를 대변하는 게 아니라 직접 자기 목소리를 낼 수 있게 도와주는 촉매자이자 조력자라는 긍정적인 위치에 한발자국 다가선 것"이라는 설명을 덧붙였다.[12]

유명 인사와 연예 산업 종사자가 스스로 모범이 되어 다른 사람들을 이끌 수도 있는 것이다. 이렇게 하려면 기후 정의 측면에서 상쇄 회사에 돈을 내는 것보다 고탄소 생활양식을 직접 책임지는 방식이어야 한다. 예를 들어 2006년 1월《황금나침반^{His Dark Materials}》3부작의 작가인 필립 풀먼^{Philip Pullman}은 자신의 블로그에서 기후변화의 위협에 대처하는 방법으로 더는 비행기를 타지 않겠다고

밝혔다.

풀먼은 "지금부터 나는 지상으로만 이동할 것"이라고 했다. "이 말은 즉 목적지까지 운항하는 배가 없을 경우 장거리 여행을 하지 않겠다는 말이다. 영국에서는 물론이고 유럽 안에서도 더는 비행기를 타는 일은 없다. 다 필요 없는 것들이다. 나는 지구 반대 편까지 빨리 가는 것이 연료를 절약하면서 천천히 가거나 아예 가지 않는 것보다 중요하다는 단 하나의 이유도 생각해낼 수 없다. 페스티벌? 컨퍼런스? 강연 하나를 위해 아무 생각 없이 비행기에 올라 대서양을 건너던 날들은 이제 끝났다. 새 책 홍보를 위한 투어? 오직 배나 기차로만 할 것이다."[13]

생활양식의 변화만으로는 부족하다

긍정적인 사례는 개인의 생활양식 변화에만 한정되어서는 안 된다. 스타가 직접 논쟁이 되는 행동에 참여하고 저항하거나 기후 친화적인 사회 변화를 위한 공동체를 조직하는 데 중요한 구실을 하는 모범 사례가 필요하다. 스타도 자전거 전용도로를 만들고, 저렴하면서 개선된 대중교통 체계를 구축하며, 공동체에 기반을 둔 재생 가능 에너지 프로젝트를 진행할, 사회 변화를 이끌 공동체의 조직에 앞장서야 한다. 이런 활동을 하는 스타로 《스플래쉬Splash》와 《블레이드 러너Blade Runner》에서 주연을 맡아 유명해진 배우 다릴 한나Daryl Hannah를 꼽을 수 있다.

로스엔젤레스 중남부는 모래투성이로, 산업의 불모지다. 화려한 할리우드에서 그리 멀리 떨어져 있지 않지만, 이곳은 빈곤과 사회적 소외를 보여주는 철저히 다른 세상이다. 이곳 한가운데에 자리잡은, 1992년 LA폭동 무렵에 시작된 사우스센트럴 농장South Central Farm은 오아시스 같은 곳이었다.

사우스센트럴 농장은 미국에서 가장 큰 도시 농장으로 성장했다. 14에이커(5만 6656제곱미터)의 땅은 대부분 이민자들로 구성된 350가구가 넘는 공동체 식구들을 먹여 살렸다. 지역의 범죄 발생률은 70퍼센트나 감소했고, 공동체는 14년 동안 번성했다.

2003년, 농장은 아무도 모르게 한 개발업자에게 팔렸고, 개발업자는 늦은 봄 강제 철거를 통보했다.[14] 농장을 지지하는 사람들이 몰려왔고, 지역 청년들은 점거를 시작했으며, 많은 유명 인사들이 대의에 동참했다. 다릴 한나는 몇 주간 밤나무 위에서 생활하며 할리우드 스타 파워를 이용해 주요 언론에 이 문제를 공론화했고, 농장을 지키려고 모금 활동도 했다. 한나는 처음부터 끝까지 농부들과 함께 지냈다. 긴 시간 이어진 회의에 참석했고, 샤워도 거의 못 한 채 다른 반대자들과 함께 뙤약볕 아래 있었으며, 불도저가 온 날에도 많은 사람들과 함께 연행되었다.

탄소 상쇄 프로그램이 스타 마케팅을 활용하면서 발생하는 문제 중 하나는 정부와 기업이 져야 할 책임을 아주 쉽게 희석시키면서 시종일관 개인의 책임을 강조한다는 것이다. 예를 들어 스타 마케팅은 화석연료 산업이 품고 있는 환경 부정의를 드러내려는 노력에 집중하지 못하게 한다. 물론 어떤 스타들은 이 문제를 제기하기도 한다. 2003년 비앙카 재거^{Bianca Jagger}는 에콰도르 열대우림 파괴의 진상을 규명하면서 석유 산업으로 곤경에 빠진 공동체를 알리는 일에 힘썼다.

"내 여행의 목적은 세계가 에콰도르 원주민이 빠진 곤경에 주목하게 만드는 것이다. ……에콰도르에서 쉐브론 텍사코^{ChevronTexaco}가 하는 시추 작업은 범죄 행위다. 외국 기업이 이렇게 유독한 석유와 석유 부산물을 자국의 수로와 생태계로 바로 방류해도 좋다고 허용하는 나라는 없다. 에콰도르 법원은 에콰도르에서 이런 일을 해서는 안 된다는 명확한 판결을 내려야 한다. 쉐브론 텍사코가 책임을 져야 한다. 우리는 석유 회사들이 개발도상국에서 무법자로 지내던 시대에 종지부를 찍어야 한다."[15]

2007년 2월, 엘 고어는 배우 카메론 디아즈^{Cameron Diaz}와 래퍼인 패럴 윌리암스^{Pharrell Williams}와 나란히 서서, 2007년 7월 7일 기후변화 인식 증진을 위해 남극 대륙을 포함한 전세계에서 록 콘서트 〈라이브 어스^{Live Earth}〉를 동시에 연다고 발표했다. 주최 측은 〈라이브 어스〉에 참여하는 모든 아티스트와 직원들이 이용한 비행기에서 발생한 이산화탄소를 탄소배출권 구매로 상쇄할 예정이라고 밝혔다. 콘서트를 통해 모은 기금은 엘 고어가 의장을 맡을 새로운 재단으로 갈 것이다. 이 프로젝트는 이름부터 방법, 스타를 동원하는 방식까지 2005년의 〈라이브 8〉과 무척 닮았다. 〈라이브 어스〉가 진정성이 있는 비판이나 내용 없이 검열된 메시지만 대중에게 전할지 지켜볼 일이다.*

---

* 결국 〈라이브 어스〉도 〈라이브 8〉, 〈라이브 에이드〉와 별반 다르지 않게 끝이 났고, 비슷한 종류의 문제점들이 드러났다.

연예 산업의 긍정적인 참여

카본트레이드워치는 두 명의 스타를 만나 탄소 상쇄 제도에 관한 견해를 듣고, 탄소 배출에 책임을 지려고 각자 선택한 방법을 놓고 얘기를 나눴다. 두 스타는 탄소 배출을 줄이려고 개인 생활과 일에서 실제로 변화를 이끌어냈을 뿐만 아니라, 기후변화를 둘러싼 환경적이고 정치적인 활동을 적극 실천하고 있었다. 기후 문제에 관한 두 스타의 처방은 "하라", "하지 마라" 같은 고압적인 메시지나 복잡한 쟁점을 한 줄로 재단해버리는 방식이 아니라, 독창적이면서도 시사하는 바가 많았다. 두 사람은 모두 기후변화가 '환경'에 관한 이야기만이 아니라 '사회 정의' 문제와 깊이 관련되어 있다는 사실을 강조하고 있다.

매튜 허버트 ― "윤리는 복잡해"

매튜 허버트[Matthew Herbert] [16]는 비요크[Bjork], 알이엠[REM], 존 케일[John Cale], 오노 요코, 세르주 갱스부르[Serge Gainsbourg] 등 여러 아티스트의 음악을 프로듀싱하고 리믹스한 음악가이자 프로듀서, 디제이다. 지난 수년간 허버트의 작업에서 정치적인 내용은 더욱 분명해졌다. 2004년 앨범인 〈빨라 뒤 주르(Plat du jour, 오늘의 요리)〉에서는 거대 식품 회사뿐 아니라 식품의 장거리 수송으로 발생하는 온실가스 배출, 바디 파시즘, 사형제도와 이라크 전쟁을 비판하려고 요리와 관련 있는 은유와 샘플을 사용했다. 2006년 발매한 앨범 〈스케일[Scale]〉을 위해 샘플링한 소리에는 관, 급유 펌프, 토네이도, 제트기, 악명 높은 런던의 국제무기박람회[Defence Systems & Equipment International, DSEI] 대표단을 환영하는 연회장 밖에서 들려오는 무기 피해자들의 소리가 포함되어 있다. 카본트레이드워치는 탄소 상쇄 제도에 관한 의견과 개인적으로 기후변화에 어떻게 대응하고 있는지 물었다.

"윤리의 경계가 모호한 이상 어떤 합리적인 도덕적 권위를 가지고 윤리적 생활양식을 논하는 것은 어렵다. 병든 노인의 집에서 계약 시간을 넘기며 일을 하지만 테스코(영국 최대의 식품·잡화 판매 회사)에서 모든 쇼핑을 해결하는 간호사와 전세계로 윤리적인 생활양식을 다룬 책을 항공으로 배송해 판매하는 로컬푸드·채식 관련 출판업자 중 누가 더 윤리적인 생활을 하고 있는가? 여기에는 현실적인 명확한 답은 없고, 약간의 도덕적 확신만 있을 뿐이다. 하지만 윤리의 경계가 모호하다고 해서, 우리가 어떤 자세를 취하면 안 된다는 말은 아니다. 현대 식품 산업의 위험과 타협을 다룬 음반(빨라 뒤 주르)을 만들다 보니, 내 삶을 지속 가능하게 만들려면 꼭 해야 할 일이 있는 것 같았다. 그중에서 가장 확실한 것이 비행기를 안 타는 것이었다. 나는 시골로 이사 가 직접 먹을거리를 재배하고, 스스로 더 많은 전기를 생산하며, 더 자주 자전거를 타게 되었다. 이것은 나 자신과 지구가 더 건강해지는 일이기도 했다. 다만 안타까운 점은 런던 브릭스톤[Brixton]에 살았을 때는 걷거나 대중교통을 이용해 어디든 갈 수 있었지만, 시골에서는 자동차에 더 많이 의지하게 된다는 것이다."

"창조적인 작업에 담긴 환경 메시지가 플라스틱 덩어리에 복제되어 전세계로 퍼져간다는 사실이 오랫동안 나를 괴롭혔다. 그래서 한동안 생각한 작은 실천은 플라스틱 포장을 하지 않는 것이었다. 그렇게 하려면 우리 같은 프로듀서가 꽤나 많은 돈을 내야 한다. 그래서 나는 컴퓨터와 전기를 사용하기는 하지만 유통 과정에서 발생하는 오염 물질을 줄일 수 있는 디지털 음악에 관심이 많다. 디지털 음반만 출시하는 음반사 '엑시덴탈Accidental'을 세울까 고민하고 있다."

"비행은 여전히 까다로운 문제다. 비행기를 타지 않으면 당장 잠재적 수입이 엄청나게 줄어든다. 내가 음악 작업을 한 영화의 시사회장에 참석하는 것도 힘들어진다. 중요한 행사는 아니지만 그래도 재미있는 일인데 말이다. 여기에는 '쾌락의 정치'가 관련되어 있다. 비행기를 타지 않는 선택은 새로운 문화를 접할 수 있는 가능성, 예를 들어 이라크를 방문하는 것 같은 경험을 할 수 없게 만든다. 물론 다른 방법으로 여행을 할 수 있다. 슬로푸드 운동이 식품에 접근하는 방식이 다른 것처럼 슬로트래블은 목적지까지 훨씬 더 오랜 시간이 걸리는 상황을 참아야 한다. 하지만 디제이 쇼 네

번을 위해 두 달 동안 오스트레일리아를 여행하는 것은 경제적으로 불가능하다. 내가 하는 일은 값싼 석유와 공해를 유발하는 유통 시스템, 지역 자원 착취의 직접적인 결과로 서서히 진화했다는 데 문제의 핵심이 있다. 하지만 간단하게 이 모든 것을 중단하는 일은 또 다른 윤리적인 문제다. 나는 지금 대중적인 영향력이 있다. CNN, BBC, 채널 4, 아르떼^{Arte} 말고도 많은 세계적인 TV와 라디오 방송국에 출현해 바로 이 문제를 이야기해왔다. 내 팬의 절반이 내 쇼를 보려고 런던으로 날아올지도 모르는데, 난 비행기를 타고 이탈리아로 날아가는 것을 그만둬야 할까? 달라이 라마는 여전히 비행기를 이용한다. 그래서 내 대안은 지금부터 비행기 이용을 줄이는 것이다. 나는 1년에 가족이 있는 미국으로 한 번, 사업체가 있는 일본으로 한 번, 그 밖의 지역으로 한 번 비행하기로 결심했다. 내가 마음먹은 횟수를 초과할 게 분명하지만 이렇게 결심하는 게 시작이다. 비행기를 150번이나 탄 지난해보다는 낫지 않겠는가.

"나는 영국항공이 클라이미트케어와 진행하고 있는 탄소 상쇄 프로그램이 상투적인 기업 전략에 지나지 않는다고 생각한다. 단순하고 책임을 지지 않으려는 '제스처'다. 조림 프로젝트는 토양을 추가로 훼손할 수도 있다. 또 나무는 분해될 때 여전히 이산화탄소를 배출한다. 항공유에 세금을 부과하는 게 훨씬 나은 방법일 것이다. 항공사는 자기가 만들어내는 어떤 피해도 제대로 책임을 지지 않고 있다. 그러나 이것은 아주 흥미로운 시작이다. 아무리 이면에 깔린 의도가 잘못되고 내용이 부실해도 항공 역사상 처음으로 해외여행과 오염 문제를 공개적으로 연결시키고 있으니 아주 중요한 순간이다."

"역설적이게도 환경운동과 전세계의 여러 가지 지역 운동이 최선을 다해 노력하는데도 석유의 종말은 저가 항공, 저가 플라스틱, 저가 자동차 운전, 저리 대출, 저가 휴가, 저가 소비재의 종말을 초래할 것이다. 그리고 이것은 아마도 서구에서 '문명'이라 부르는 것에 중대한 영향을 끼치며 놀라운 속도로 진행될 것이다. 내가 읽고 있는 책이 진실이라면, 석유 고갈은 이미 시작되었다. 석유 생산 정점이 다가오고 있다. 그렇게 되면 지금 우리가 겪고 있는 고통이나 어려움쯤은 비교할 바가 아니다. 그렇다고 해서 우리가 지금 올바른 일을 하려는 노력을 멈춰야 한다는 말은 결코 아니다."

로버트 뉴먼 — '악마의 과수원'에 대항하기

로버트 뉴먼Robert Newman 17은 소설가이자 스탠딩 코미디언이다. 뉴먼은 1993년 코미디 파트너인 데이비드 바딜David Baddiel과 함께 코미디언으로서는 처음으로 1만 2000석 규모의 웸블리 아레나Wembley Arena에서 매진 공연을 기록하기도 했다. 그 뒤로 뉴먼의 작품은 더욱 정치적인 색깔을 드러내게 되었고, 영국에서 사회운동의 조직화에 여러 방식으로 참여했다. 뉴먼이 가장 최근에 공연한 스탠딩 코미디인 〈지구 B는 없다 — 거꾸로 가는 세계 역사^{No Planet B: The History of the World Backwards}〉는 우리의 석유 중독을 시간의 흐름을 거슬러 올라가는 방식으로 재치 있게 보여준다. 1859년 펜실베이니아에서 마지막 유정의 뚜껑을 덮는 것으로 극이 마무리되면서 석유와 천연가스 시대에 종말을 고한다. TV에 방송된 뉴먼의 작품 〈석유의 역사^{The History of Oil}〉는 석유 지정학과 석유 생산 정점을 주제로 다루었으며, 방청객이 자전거 발전기의 페달을 밟아 생산한 전기로 생방송을 진행했다.

카본트레이드워치 기후변화와 관련해 에너지 소비 방식을 어떻게 바꿨는지 얘기해 달라.

로버트 뉴먼 예를 들어 나는 유럽에서 단거리 구간은 비행기를 타지 않는다. 자가용은 없고, 착한 에너지(Good Energy: 영국의 재생 가능 에너지) 공급자를 이용한다. 이번 주 화요일에는 이중 유리 설치 공사 때문에 사람이 올 예정이다. 부끄러운 고백이지만, 외풍이 심한 창가 옆에 어울리는 긴 의자를 새로 사지 않았다면 이중 유리를 설치하지 않았을 것이다. 나는 자전거를 타고 다니며, 지하철을 이용한다. 슈퍼마켓에 가지 않으려고 노력하고 어쩔 수 없는 경우가 아닌 이상 제철 과일만 먹는다. 이 경우에도 아르헨티나에서 온 블루베리가 배편으로 운반되었을 거라고 여기면서 먹는다.

카본트레이드워치 어떻게 이런 결정을 내리게 되었나? 이런 실천이 개
인 생활과 일에 어떤 영향을 주었나?

로버트 뉴먼 3년 전 어느 날 밤, 친구와 집 뒷마당에서 저녁을 먹었다.
그 친구는 누군가를 가리키며 "단거리 비행에는 변명의 여
지가 없다"는 말을 했다. 그런데 그건 내 이야기였다. 나한
테 필요한 건 누군가 확신에 차서 말을 해주는 것이었다. 이
듬해 나는 미국 26개 도시 순회공연을 했다. 내 결심을 시험
해볼 수 있는 좋은 기회였다. 그때 기차를 서른여섯 시간이
나 탔다(기차 여행에 앞서 금연을 해야 했다. 금연은 순회공
연으로 얻은 숨겨진 보너스라고나 할까). 300달러(약 34만
원)로 한 달 동안 모든 기차를 탈 수 있는 암트랙^{Amtrak} 패스
를 사서 아주 싸게 여행할 수 있었다. 기차 여행은 여행을 더
여행답게 만들었고, 여행에서 돌아왔을 때는 정말 그 나라
를 알게 되었다고 느꼈다. 그리고 유명한 사람들이 아닌 보
통사람들과 만나 이야기를 나눌 수 있었다. 하지만 시카고
버스 정류장에서 다섯 시간 동안 밤을 새거나 몬트리올에서
뉴올리언스까지 3일이나 걸리는 일정을 소화할 때는 비행기
를 탔다.

카본트레이드워치 영국항공은 클라이미트케어와 손잡고 돈을 내면 비
행으로 배출한 탄소를 상쇄할 수 있는 프로그램을 만들었

다. 당신이 배출한 탄소를 상쇄하려고 이것을 이용한다면 예전처럼 계속 비행기를 이용할 수 있지 않은가? 그런 유혹을 느끼지는 않는가? 그렇지 않다면 무슨 이유로? 영국항공과 클라이미트케어의 파트너십은 어떻게 생각하는지?

로버트 뉴먼 먼저 이 세상에는 비행 때문에 발생한 탄소 배출을 상쇄할 수 있을 만큼 충분한 돈이 없다. 모든 나라의 국고와 모아둔 금, 자산, 전세계 모든 나라의 보증 채권을 다 합친다고 해도 불가능하다. 예를 들어 방글라데시를 들어올리는 데 얼마나 많은 비용이 들까? 킬리만자로 꼭대기에 얼음과 눈을 되돌려놓는 작업을 할 일꾼들에게 일당을 얼마나 줘야 한다고 생각하는가? 비행기구름으로 발생한 대류권 상부의 얼음 결정 구름을 없애려면 감마선을 조율하는 데 얼마나 많은 실험실의 연구원들과 교수들이 동원되어야 할까? 둘째, 당신이 내는 돈은 배출을 상쇄하는 데 쓰이기보다는 영국항공에 부과될 규제 위험이나 총원가계산^{full-cost accounting}을 상쇄하는 데 사용된다. 클라이미트케어는 누구이고 또 무엇인가? 어디서 생겼나? 정말 온실가스 배출을 줄이고 싶다면 항공 앰뷸런스를 제외한 비행기의 이륙을 금지하고 활주로를 채소밭으로 사용해야 한다.

카본트레이드워치 롤링스톤스, 콜드플레이, 케이티 턴스틸 등은 콘서트 투어나 앨범을 '탄소 중립'으로 만들려고 카본뉴트럴컴퍼니에 돈을 내기로 했다. 당신은 어떻게 탄소 중립을 이해하고 있는가?

로버트 뉴먼 나는 여기에 몇 가지 의문이 있다. 카본뉴트럴컴퍼니가 롤링스톤스가 배출한 탄소를 어떻게 엘리엇 네스*처럼 철저하게 조사해서 잡아낼 수 있는지 궁금하다. 경찰들처럼 급습해서 조사하는 걸까? 누가 롤링스톤스가 배출한 탄소 총량을 계산하는가? 또 누가 그렇게 배출한 탄소가 중립화됐다고 확신할 수 있는가? 탄소 중립에는 상품을 기획하고 만드는 과정, 콘서트장에서 사용하는 전기, 사용하는 모든 종이컵, 승용차를 몰고 콘서트를 찾는 사람, 정저우[Zhengzhou], 발루치스탄[Baluchistan], 솔리헐[Solihull]의 휘황찬란한 번화가 거대 상점까지 수송된 수백만 장의 CD와 DVD에서 배출된 탄소가 모두 포함되어 있는가? 게다가 사람들이 말하는 몇몇 플랜테이션은 아마존 우와[U'wa]족이 '악마의 과수원'이라 부르는 것이다. 관목과 생물종 다양성 없이 단일 수종의 나무만 가득한 숲 말이다.

---

* 엘리엇 네스(Eliot Ness)는 미국의 금주법 시대에 '언터처블스(The Untouchables)'라는 별명으로 불리며 일리노이 주 시카고를 무대로 활양한 법무 수사관이다.

6

기후변화에
대응하는
건설적인 대안들

"기후변화를 막는
진정한 해결책은
사회변화가 필요하다는
생각을 지지하며,
사회 시스템을
바꾸는 운동에
시간과 열정을 쏟는 것이다."

지금까지 살펴본 내용들을 정리해보자.

- 탄소 상쇄 기업은 소비자들에게 '마음의 위안'을 팔고 있다. 기후변화를 막기 위한 활동이 제대로 진행되지 않는 상태에서 얻을 수 있는 것은 자기만족뿐이다.
- 오염 물질을 많이 배출하는 일부 기업과 정치인들이 값싼 그린워시 수단으로 탄소 상쇄를 이용하고 있다. 이것은 자신들의 지속 불가능한 습성에 관한 관심을 희석시키고, 진정한 행동 변화의 실천을 거부하는 것이다.
- 탄소 상쇄 산업은 분식회계와 의심스러운 과학을 동원해 이

익을 부풀린다.

- 탄소 순환에 관한 우리의 지식에는 한계가 있다. 따라서 가정에 근거를 둬 산출한 탄소 감축분을 팔 수 있는 상품으로 정량화하고, 플랜테이션이 기후변화 완화에 긍정적인 영향을 미친다고 말하는 것은 불가능하다.

- 프로젝트를 수행하지 않았다면 어떤 일이 발생했을지 가정한 것에 근거를 둬서 정확한 베이스라인을 산정할 수는 없다. 따라서 팔 수 있는 탄소배출권이 얼마나 발생했는지 계산하는 것도 불가능하다.

- 홈페이지나 안내 책자에서 멋지게 포장되어 있는 탄소 상쇄 프로젝트들이 실제로는 잘못 관리되거나 효과가 없으며, 지역 공동체에게는 오히려 해가 되고 있다.

- 기후변화를 막으려면 사회와 경제 전반에서 더 폭넓고 체계적인 변화가 일어나야 한다. 그러나 언론과 일부 스타들이 기후변화의 책임을 개인의 생활양식에 돌리면서, 실제로 근본적인 문제를 성찰하고 변화하는 것을 방해하기도 한다.

2007년 1월, 탄소 상쇄 산업에 비난이 쏟아지기 시작하자 영국 정부는 상쇄 서비스를 제공하는 기업들이 지켜야 하는 탄소 상쇄 표준안을 발표했다.[1] 표준안에 따르면 기업들은 청정 개발 체제와 공동 이행 제도를 통해 교토 의정서 체제에서 승인받은 탄소 배출권만 사용해야 한다. 관련 부처 장관들은 표준안을 통해 프로젝트를 더 잘 감시할 수 있게 되었으며, 소비자들이 자연발생 잉여 배출권이 아니라 제대로 된 배출 감축분을 구매할 수 있게 됐다고 주장했다.

그러나 영국 정부가 제시한 표준안은 효과가 없었다. 첫째, 표준안은 전적으로 자발성에 의존하고 있다. 다른 부문처럼 자율적인 규제는 잘 작동되지 않을 뿐 아니라 적절하고 구속력 있는 법적 규제를 회피하는 수단으로 활용된다.

둘째, 자발적 표준안은 탄소 상쇄가 합법적인 기후변화 대응 수단으로 왜곡되어 팔리고 있다는 사실에 아무런 문제를 제기하지 않는다. 영국 교통부 장관인 더글라스 알렉산더Douglas Alexander는 표준안이 "더 많은 사람이 지구에 남기는 탄소발자국을 어떻게 줄일 수 있을지 생각하게" 할 것이라 말했고, 환경부 장관인 데이비드 밀리밴드David Miliband는 "사람들은 상쇄 방법이 실제로 효과가 있다는 것을 확신해야 한다"고 얘기했다.[2]

셋째, 청정 개발 체제는 프로젝트를 검증하는 과정에서 부패, 부실 운영, 감축 검증 수단 부재, 지역 공동체에 미치는 악영향 등 많은 의혹을 받았다. 중국에 있는 몇몇 화학공장들은 강력한 온실가스인 수소화불화탄소23HFC-23의 배출을 막는 값싼 장치를 설치해 수십억 유로의 청정 개발 체제 배출권을 획득했다. 2007년 1월《네이처》에 실린 기사는 청정 개발 체제 프로젝트로 생긴 많은 양의 배출권을 사려고 46억 유로(약 7조 원)나 쓰는 대신 국제적인 논의나 기금을 모아 장비 설치에 규제를 했다면 1억 유로(약 1500억 원)만으로 간단히 같은 효과를 볼 수 있었을 것이라고 밝혔다.[3] 이것이야말로 교토 체제 자체가 벌어들인 돈이다. 재생 가능 에너지에 투자될 수 있던 돈이 화학공장 주인의 주머니에 들어가 오염을 가중시키는 공장에 재투자되는 것이다. 중국은 수소화불화탄소23 같은 허점을 이용해 세계 최대의 청정 개발 체제 탄소배출권 수출국이 되었다. 만약에 탄소 상쇄 기업에서 인증을 받은 탄소배출권을 산다면 우리는 알지도 못하는 사이에 이런 종류의 오염 산업에 지원하게 될 가능성이 높다.

청정 개발 체제 프로젝트가 제대로 작동하지 않는다는 증거도 속속 밝혀지고 있다. 트랜스내셔널연구소Transnational Institute와 남아프리카공화국의 크와줄루–나탈KwaZulu-Natal 대학이 공동으로 발표한 〈대기의 문제 — 지구 온난화와 대기의 사유화Trouble in the Air: Global Warming and the Privatised Atmosphere〉는 남아공에서 계획되던 여러 청정 개발 체제 프로젝트의 기만적이고 정의롭지 못한 사례를 자세히 기록하고 있다.[4]

탄소배출권 구매에서 인증받은 시장도 자발적인 시장도 믿을 수 없다면, 우리는 기후변화를 막으려고 어떤 행동을 해야 하는가. 상쇄 논쟁에서 빠지지 않는 주장은 '그래도 하지 않는 것보다 낫다'거나 '그나마 괜찮은 시작'이라고 내세우는 것이다. 더불어 상쇄에 반대하는 사람들을 '보통' 사람들이 실천할 수 없는 극단적인 대책을 주장하는 '투쟁적인 환경운동가'로 묘사한다.

탄소 상쇄의 대안이 무엇인지 다그치는 것은 자격이 없는 사람에게 일종의 정당성을 부여하는 것하고 같다. 제대로 된 기후변화 행동은 탄소 상쇄 제도가 등장하기 오래 전부터 이미 있었으며, 그 행동은 탄소 상쇄 제도가 착취를 일삼는 자유시장의 속임수로 판명 나고 사라진 뒤에도 계속될 것이다. 탄소 상쇄 제도의 반대편에 '기후변화에 맞서 아무것도 하지 않기'를 두는 것은 잘못된 것이다. 탄소 상쇄 제도 같은 가짜 '해법' 말고도, 직접 행동할 수 있고 효과적이며, 기후변화에 맞서는 대응 역량을 강화할 수 있는 방법이 많다.

상쇄 기업이 벌어들이는 꽤 많은 돈은 자동으로 중개자들의 주머니로 들어가 외부 검증가, 수치 분석가, 마케팅 담당자, 프로젝트 컨설턴트와 임원의 급여로 나간다. 이것은 일반인이 탄소배출권을 사려고 쓴 돈이 아주 비효율적으로 쓰인다는 것을 보여주는 단면일 뿐이다.

기업이나 개인이 스스로 에너지 효율을 높이고 탄소 배출을 줄이는 노력을 기울였다면, 의심스러운 '숫자 놀음'과 '상쇄'를 통한 그린워시가 아니라 에너지를 지속 가능한 방식으로 제공하는 활동에 직접 지원하는 것이 훨씬 낫다. 효과적인 기후변화 행동은 온실가스 배출에 더 많은 책임이 있는 북반구가 먼저 대대적인 감축을 해야 한다는 사실을 인정하는 것과 전지구적인 부와 기술 자원의 불균형을 조절해야 한다는 인식에서 시작해야 한다. 북반구가 식민주의 방식을 탈피해 남반구의 저탄소 경제 발전을 지원하려면 이런 공감대가 형성되어야 한다.

개인과 기관, 심지어 시장 논리에 갇혀 있는 기업들도 여러 가지 방법으로 남반구의 저탄소 경제 발전을 지원할 수 있다. 이사와 보관 서비스를 제공하는 물류회사인 런던의 알렉산더스 Alexanders는 환경 사명감이 큰 곳이다. 사무실에서 에너지를 절약하고 재생용지와 이면지를 활용하며 일상생활에서 자원을 효율적으로 사용하려고 노력한다. 예를 들어 종이 상자 대신 나무 상자를 이용하고, 재활용 포장재를 쓰는 식이다.[5] 또 "전세계의 재생 가능 에너지 프로젝트에 투자해 저개발 국가가 좀더 에너지 효율에 근거를 둔 방식으로 전환함으로써 환경에 미치는 영향을 줄일 수 있게 돕고 있다."[6] 하지만 회사 홈페이지 어디를 둘러봐도 이런 노력들이 회사의 영업 활동을 위해 불가피하게 배출된 탄소를 상쇄하려고 진행 중이라는 내용은 찾아볼 수 없다. 이런 투자와 지원은 회사가 실천하고 있는 기후변화 대응 행동의 일부일 뿐이기 때문이다.

더 인상적인 것은 "환경 프로젝트와 관련한 모든 내용을 꾸준히 업데이트하고 관리해서 겉으로만 친환경 프로젝트가 되지 않게 하겠다"는 건강한 약속이다.[7] 알렉산더스는 돈을 현명하게 사용하려면 감동을 자아내는 홈페이지와 화려한 녹색 마케팅으로 치장한 탄소 상쇄 기업에 경솔하게 돈을 맡기기보다는 어디에 어떻게 쓸 것인지 적극적이고 신중하게 고려해야 한다고 말한다.

알렉산더스의 책임자 중 한 사람으로 회사의 환경 정책을 담당하는 사만다 포프[Samantha Pope]는 이렇게 말했다. "처음에는 회사가 배출하는 탄소를 상쇄해줄 프로젝트에 투자하면 '탄소 중립'을 할 수 있다는 탄소 상쇄 제도에 관심이 있었다. 하지만 추가 조사 과정에서 우리는 이 개념에 언짢아졌다. 투자를 해서 회사가 배출한 탄소가 '중립화'되었다고 느끼기는 쉬웠지만, 근본적으로 기업 활동이 환경에 끼치는 영향을 줄이기 위한 관심과 노력을 분산시키는 단점이 있었다. 우리는 또 기부하는 돈의 전부는 아니더라도 조금이라도 더 많은 금액이 실제 프로젝트에 사용될 수 있는 곳을 찾았다. 이런 생각은 보더그린에너지팀[Border Green Energy Team, BGET]하고는 가능한 일이지만, 탄소 상쇄 제도로는 실현할 수 없었다."[8]

알렉산더스는 비판적인 검토를 충분히 거친 뒤에 보더그린에너지팀이 동남아시아에서 하고 있는 일에 재정을 지원하기로 했다. 보더그린에너지팀과 함께 일하는 크리스 그레컨[Chris Greacen]은 "탄소 상쇄 제도의 대안은 탄소 거래 같은 얄팍한 수법에 참여하지 않고서 더 깨끗하고 더 민주적인 미래의 에너지 인프라를 구축하기 위해 아래에서 변화를 만들고 있는 단체에 재정을 지원하는 일"이라고 전한다.[9]

보더그린에너지팀의 일원인 팔랑타이$^{Palang\ Thai}$라는 태국 단체는 "메콩 지역에서 경제적으로 합리적이며 사회 정의와 환경 정의, 지속 가능성을 구현할 수 있는 에너지 전환이 진행될 수 있게" 하려고 일하고 있다.[10] 2002년 이 단체는 태국 정부에 재생 가능 에너지 발전소를 서로 잇는 연결망을 의무화하는 법률을 입안했다. 그 결과 현재 수십 개의 재생 가능 에너지 발전소가 연결되어 16메가와트가 넘는 전력을 생산해 팔고 있다. 이 일에 앞서, 팔랑타이가 분석한 연구를 통해 석탄 화력발전소 2기의 건설 계획을 중단시키는 성과를 얻기도 했다. 2005년 팔랑타이는 국가 독점 설비인 태국전력공사$^{Electricity\ Generating\ Authority\ of\ Thailand,\ EGAT}$의 불법 사유화를 막으려고 소비자 단체들과 함께 일했다. 팔랑타이는 현재 태국의 전력 부문 개정법안과 관련된 일을 하고 있다. 개정 내용에는 독립적인 감시 기관 설립과 수요관리,[11] 열병합발전,[12] 저비용 바이오매스 전력 생산 시설 설치처럼 비용 대비 효과가 좋고 깨끗한 에너지 생산 계획이 낡은 체제 안에서 더는 휴지 조각이 되지 않게 정책 계획 과정 자체를 바꾸는 것을 포함하고 있다.

보더그린에너지팀은 지역 공동체와 직접 일하는 팔랑타이 등의 단체들이 속해 있는 공동 협력체 형태의 프로젝트팀이다.[13] 보더그린에너지팀은 아주 적은 예산으로, 태국과 버마 국경에 있는 소수민족 지역의 마을 지도자들에게 **적정기술**을 교육하고, 재정을 지원하고 있다. 그리고 수백 가구의 지역 공동체에 전기를 공급하는 소수력 프로젝트를 진행했으며, 접경 지역 난민 캠프에 재생 가능 에너지 시설을 설치하고, 주민들이 직접 운영하고 보수할 수 있게 교육했다. 또 버마 내전에서 공격을 받고 피난을 온 수백만 명을 돌보는 지역 의사들과 진료소를 대상으로 재생 가능 에너지 시스템을 설치하고 운영할 수 있게 지원했다.

이곳에 지원된 돈은 탄소 상쇄 배출권을 구매하는 것과 달리 전적으로 프로젝트를 위해 사용된다. 여기에는 보더그린에너지팀이 자신의 목표를 추구하는 과정에서 추가로 발생했을 가상의 배출 감축분을 놓고 복잡하고 왜곡된 방식의 계산을 할 필요가 없다. 알렉산더스가 영국에서 배출한 탄소가 마법처럼 사라질 것이라는 환상도 없다. 무엇보다 가장 중요한 것은 이 프로젝트가 북반구 국가들의 배출 감축 계획의 일부가 아니라 그 자체로도 의미 있고 좋은 일로, 많은 사람들의 지지를 받고 있다는 사실이다. 북반구와 남반구는 저탄소 경제로 전환하는 과정에서 서로 돕고 배울 수 있는 무궁무진한 기회와 가능성이 열려 있다. 여기에는 고탄소 생활을 유지하려고 하는 세계 경제 엘리트의 능력과 도움이 꼭 필요하다는 신식민주의적 가정이 필요 없다.

오고니 투쟁 — 돈에 관한 것만은 아니다

기후 행동을 하는 것이 단순히 '돈'에 관련되지 않았다는 사실을 알리는 게 무척 중요하다. 많은 기업과 개인들이 혁신적이고 효과적인 기후 프로젝트에 재정 지원을 한다 해도 지금 같은 화석 연료 소비에 의존하는 경제적·정치적 구조는 쉽게 바뀌지 않고 지속될 것이다. 더 근본적인 변화를 위한 가장 효과적인 방법은 집단 행동과 정치 조직화다.

상쇄 제도의 핵심인 탄소의 상품화는 기후 행동을 하려는 사람들의 의지를 금전적인 가치로 바꿔 계산하고, 변화를 일으킬 수 있는 잠재력을 시장 거래로 단순하게 치환해버린다. 그렇게 되면 애초에 기후변화를 일으키던 사회경제 구조의 본질에 관련된 문제와 그것을 해결하기 위한 노력은 더는 시급한 일이 아니게 된다. 단지 당신을 대신해 기후 행동을 해줄 '전문가'를 모시려고 상쇄 회사 홈페이지에 들어가 클릭한 뒤 결제만 하면 된다. 이런 방식은 비효율적이고, 미숙한 추측과 미심쩍은 과학에 기초를 두고 있으며, 참가자들을 무기력하게 만들어버린다.

기후변화를 억제하는 가장 효과적인 방법은 화석연료 채굴을 과감하고 철저하게 제한하는 것이다. 기후변화에 대처하는 가장 중요한 전략 중 하나는 점점 더 많은 화석연료를 채굴해 태우는 산업계에 저항하는 공동체를 지원하는 일이다. 하지만 이런 종류의 활동은 탄소 상쇄와 달리 기존의 기업 권력과 사회 구조 체제에 맞서는 것이라서 가장 힘들고 주목받지 못하는 일이다.

전세계적으로 수많은 공동체와 풀뿌리 단체들이 탄소 집약적인 세계 경제체제를 유지하는 데 따르는 환경과 사회 정의 비용을 무시하는 정부와 산업계에 대항해 결집하고 있다. 최근 이런 저항 중에서 가장 주목받는 사례로 다국적 정유 업체인 쉘에 맞서 싸운 나이지리아의 오고니Ogoni족 여성들을 꼽을 수 있다.

　석유를 채굴할 때는 보통 부산물로 천연가스도 함께 추출한다. 북반구에서는 보통 이렇게 추출되는 천연가스로 전기를 생산하거나 석유화학제품을 만든다. 그러나 쉘은 비용을 아끼려고 나이지리아에서 이 가스를 그냥 연소시키고 있었다. 그저 태워 없애버리는 것이다. 2005년 6월, 포트 하커트Port Harcourt에 있는 단체인 환경권리행동Environmental Rights Action은 "전세계를 통틀어 나이지리아처럼 가스가 많이 타오르는 곳은 없다. 정확하게 추정하기는 어렵지만 원유와 함께 대략 25억 입방피트(708억 리터)나 되는 가스가 매일 이런 식으로 버려지고 있다. 이것은 2001년 아프리카 대륙 전체에서 사용하는 천연가스 소비량의 40퍼센트에 이르는 양이다. 이 문제 때문에 나이지리아에서는 해마다 약 25억 달러(약 2조 8000억 원)에 이르는 재정 손실이 있었으며, 불길은 사하라 이남 아프리카 전체에서 배출하는 것보다 더 많은 온실가스를 배출했"고 진술했다. 불길 속에서 내뿜는 연기에는 독성 물질이 포함되어 있어 지역 공동체의 건강과 삶을 위협했다. 니제르 삼각주 지역의 주민들은 조기 사망, 아동 호흡기 질환, 천식, 암 등의 위험에 노출되어 있었다."[14]

　영국 변호사가 "사실상 정부가 후원한 살인"이라고 묘사한,

1995년 켄 사로-위와^{Ken Saro-Wiwa}*와 나이지리아 안티-쉘^{anti-Shell} 활동가 여덟 명의 사형 집행 뒤 오고니 마을 여성들은 타오르는 불길을 멈추게 하려고 용감한 운동에 앞장서기 시작했다. 여성들은 지역의 여러 소수민족 공동체를 모아 사람들을 동원했고, 목적을 달성하려고 직접 행동했을 뿐만 아니라 정치적 압력을 이용했으며, 강간과 살인을 포함한 폭력적이고 억압적인 군사적 탄압을 견뎌냈다. 2005년 정부는 투쟁에 가담한 몇몇 오고니 여성들에게 '테러리스트'라는 딱지를 붙였으며, 화석연료 기업에 정당성을 부여하려고 '테러에 맞선 전쟁'이라는 표현을 사용했다.

에세이 〈기후변화와 나이지리아 여성들이 인류에 선사한 선물^{Climate Change and Nigerian Women's Gift to Humanity}〉은 오고니 여성들이 "천연가스를 계속 태우는 쉘의 행동이 아프리카 경제의 파멸과 지구 생태계의 파괴에 어떻게 영향을 주는지 널리 알렸다"고 쓰고 있다. 나이지리아의 여성 농부들은 다른 지역의 여성들과 국제 활동가들에게 거대 정유회사의 약탈 행위에서 생명을 보호하기 위한 공동 캠페인에 협조해 달라고 요청했다.[15]

오고니 여성 자신들의 투쟁에는 부차적인 것이었겠지만, 캠

---

* 1995년 11월 10일, 나이지리아 군부는 인권운동가인 켄 사로-위와를 사형했다. 켄 사로-위와는 '오고니 주민 생존을 위한 운동(Movement for the Survival of the Ogoni People, MOSOP)'을 이끌며 나이지리아 군부와 로얄 더치 쉘의 석유 개발에 맞서 싸우던 사람이다. 로얄 더치 쉘은 나이지리아에서 석유를 채굴하면서 오고니족의 농경지와 숲, 강을 기름으로 오염시키고 막대한 이익을 챙겼다.

페인에서 중요한 부분은 잘 조직된 NGO부터 런던의 자발적인 직접행동단까지 시민사회가 보여준 국제적인 연대였다. 1999년 런던의 자발적인 직접행동단은 쉘 본부를 점령해 "사장실에 바리케이드를 치고, 디지털 카메라와 노트북, 휴대전화로 외부 세계에 이 사건을 알렸다. 여섯 시간 뒤 경찰이 전기를 끊고 벽을 부숴 활동가들을 연행했다."[16]

2006년 1월, 나이지리아 법정은 천연가스를 태우는 행위를 중단하라고 쉘에 명령했다. 2006년 9월 나이지리아의 한 신문은, 오고니 사람들의 거센 반대로 1993년 이후로 쉘이 운영을 할 수 없어 지난 10년 동안 사실상 사업 활동을 중단했기 때문에 '석유 거인' 쉘의 사업 면허가 취소될 것이라고 보도했다.[17] 오고니 사람들은 자신들은 물론이거니와 자신의 땅과 일상까지 희생하는 엄청난 대가를 치르고 승리했다.

탄소 상쇄 기업이 사용하는 난해한 회계 처리를 활용하지 않고서는, 오고니 여성들의 투쟁으로 사하라 사막 이남의 최대 온실가스 배출원이 폐쇄돼서 얼마나 많은 탄소배출권이 생성되었는지 정량화하는 것은 불가능하다. 터무니없는 상쇄 시장의 논리로는 오고니 여성들이 북반구의 오염자와 소비자에게 탄소배출권을 상품으로 파는 것이 꽤나 타당하게 보인다. 하지만 래리 로만은 《탄소 거래》에서 이렇게 주장했다. "탄소배출권은 가상 시나리오를 살펴볼 전문적인 검증자를 고용할 능력이 있는 자본을 가진 고 오염 사업자의 차지가 될 것이다. 이런 사업자들은 이미 온실가스를 적게 배출하고 있는 비전문가들이나 화석연료 사용을 줄이려고 적극 노력하고 있는 사회운동에는 관심이 없다."[18]

책임지는 사회를 위하여

사회 정의와 기후변화 측면에서 큰 성공을 거둔 오고니 여성들의 힘겨운 승리는 공동체 역량 강화, 대항 정치, 국제 연대에 뿌리를 두고 있다. 탄소 상쇄를 둘러싼 문제 중에 가장 안타까운 사실은 탄소 상쇄 제도가 이 세 가지 요소를 모두 부정한다는 사실이다. 탄소 상쇄는 공동체의 역량을 강화하는 대신 기후변화를 개인의 도덕성과 생활양식 선택의 문제로 치부해 집단적인 정치 행동을 막는다. 기후변화에 효과적으로 대응하려면 근본적으로 우리 사회가 변해야 한다는 사실을 인정해야 한다. 그런데 탄소 상쇄는 여러 종류의 정치적 책임과 활동에 참여하기보다는 책임지는 소비자가 되는 것만이 우리가 할 수 있는 전부라고 믿게 만든다. 국제 연대 개념은 탄소 상쇄로 상품화되었고, 경제적 이익과 조건부 원조라는 신식민지 관계의 일방적인 행위로 전락했다. 오고니 여성들이 투쟁을 지지해 달라고 세계에 요청했을 때 그 여성들이 바란 것은 재정 지원보다 국제적인 정치 행동이었다. 기후변화에 맞서는 데 꼭 필요한 이런 종류의 사회적 변화를 이끌어내는 것은 탄소 상쇄 제도의 범위 밖에 있다.

전세계적으로 기후변화에 관련된 개인적·제도적·정치적·사회적 운동이 일어나고 있다. 기후변화의 피해를 얼마나 줄일 수 있느냐 하는 질문의 답은 이런 운동이 얼마나 효과적일지, 어떻게 기하급수적으로 증가할 수 있을지에 달려 있다. 이런 운동의 효과는 항상 사회 정의의 관점에서 바라보아야 한다. 예를 들어 탄소세가 어떻게 가난한 사람들에게 일방적으로 영향을 미치는지 주의한다면, 탄소세는 탄소 배출을 줄이는 데 아주 유용한 수단이 될 수 있다. 저탄소 경제로 나아가는 '정의로운 전환Just Transition'이라는 개념은 전환 과정에서 발생하는 충격을 사회가 되도록 공정하게 나눠야 한다는 사실을 되돌아보는 사고의 틀이 되고 있다.

기후변화 문제에 관한 더 체계적인 접근법은 기후변화를 마케팅 수법, 스타 동원, 기술적 미봉책, 신식민주의적 착취 수단으로 축소하지 않는다. 이런 총체적인 관점을 이해하고 받아들이는 개인과 단체, 정부는 자신들이 기후변화에 미치는 영향을 줄이기 위해 할 수 있는 모든 일을 할 것이지만, 줄이지 못한 배출에 관련된 책임을 상쇄하는 행동은 하지 않을 것이다. 오히려 탄소 상쇄나 거래하고는 반대로 배출을 원천적으로 줄이는 기후 정책을 요구하고 채택하며 지지하는 데 전념할 것이다. 그리고 공동체, 지역, 국가, 국제적 수준에서 오염자를 더 엄격히 규제하고 단속하고 처벌하라고 요구할 것이며, 기후변화와 이른바 '기후 친화적'으로 불리는 프로젝트 때문에 피해를 받고 있는 공동체를 지원하는 일에 헌

신할 것이다. 마지막으로 기후변화를 막는 진정한 해결책은 사회
변화가 필요하다는 생각을 지지하며, 사회 시스템을 바꾸는 운동
에 시간과 열정을 쏟는 것이다.

부록

탄소 상쇄 제도와 미래가치계산

제이미 하츨 Jamie Hartzell *

탄소 상쇄 회사는 우리가 배출한 탄소를 상쇄할 수 있다고 홍보한다. 그런데 탄소를 상쇄하는 목적이 무엇인가? 그것은 탄소 배출을 0으로 만드는 것이다.

카본뉴트럴컴퍼니는 이것을 탄소 중립이 되었다고 말하며, 클라이미트케어는 탄소 중립을 이룰 수 있다고 말한다. 그러나 클라이미트케어와 카본뉴트럴컴퍼니의 홈페이지에는 탄소 중립이나 기후 중립의 정의가 없다. 기업들은 이 개념의 정의를 사람들의 직감에 맡긴다. 그렇다면 우리는 이 용어의 뜻을 무엇이라고 생각하고 있나?

탄소 중립이나 기후 중립은 나무 심기, 에너지 효율 향상, 재생 가능 에너지 생산 등의 탄소 감축이나 흡수 프로젝트를 통해

---

* 사회·환경 분야의 사회사업가다. 지난 10여년 간 BBC, 채널 4에서 환경과 개발 문제를 다룬 다큐멘터리를 제작했다.

우리가 배출한 것하고 같은 양의 탄소가 상쇄되는 것을 가리킨다. 이런 활동을 해서 탄소 배출과 탄소 상쇄는 '균형을 이룬다'고 말할 수 있다. 즉 우리의 탄소 예산이나 탄소대조표가 0이 되었다는 것이다.

그러나 이 정의는 한 가지 중요한 사실을 간과하고 있다. 탄소대조표가 0이 되려면 우리가 배출한 탄소가 완전히 상쇄되는 데 시간이 얼마나 걸리는가 하는 문제다. 여러 가지 다른 시간의 틀에서 가능한 관점을 제시해보겠다.

1. 나무의 수명은 100년이므로 내가 배출한 탄소가 그 안에만 상쇄된다면 만족한다.
2. 2026년까지 20년 안에 내가 배출한 모든 탄소를 상쇄하기 바란다.
3. 영국 정부의 목표치에 맞춰 탄소 배출량을 2010년까지 20퍼센트 줄여야 한다.
4. 1년 안에 모든 배출량이 상쇄되어야 한다.
5. 다음 비행기를 타기 전까지 모든 배출량이 상쇄되어야 한다.
6. 런던에서 뉴욕까지 비행기로 다섯 시간 걸린다면 그 안에, 즉 내가 뉴욕에 도착하기 전까지 상쇄되어야 한다.

여섯 가지 중 어떤 것이 가장 적합할까? 어떤 경우에 탄소 중립이라는 용어를 허용할 것인가? 비행기가 착륙도 하기 전에 배출량을 상쇄해야 한다고 하는 것은 좀 극단적으로 보인다. 마찬가지로 지구 온도가 계속 오르고 있는 상황에서 100년 뒤면 이미 세계의 많은 부분이 물에 잠겨 있을 텐데, 배출을 상쇄하는 데 100년이나 걸리는 것도 용인할 수 없어 보인다.

사실 배출 상쇄 속도는 두 가지 요소로 결정된다. 첫째, 기후위기가 얼마나 절박한가 하는 문제에 달려 있다. 지구 온난화를 멈추려면 얼마나 빨리 배출을 줄여야 하는가? 둘째, 이산화탄소 배출량이 증가하는 속도에 달려 있다. 만약 탄소 배출이 계속 증가한다면, 우리는 감축 목표를 달성하려고 더 빠른 속도로 배출량을 상쇄해야 한다.

다른 탄소 상쇄 기업의 홈페이지를 찾아봐도 상쇄 시간을 어떻게 다루고 있는지 알아낼 수가 없었다. 상쇄 기업들은 몇 년 동안 탄소 감축이 될 것인지, 그래서 결국 얼마나 많은 탄소가 줄어들 것인지 추정은 하지만 추정치는 발표를 하지 않는다.

클라이미트케어는 상쇄 방법으로 세 가지를 들고 있다. 총 탄소 감축분의 50퍼센트는 에너지 효율 향상 프로젝트에, 20퍼센트는 재생 가능 에너지 프로젝트에, 나머지 30퍼센트는 나무 심기에 투자하는 것이다.

연례 보고서와 홈페이지, 클라이미트케어 사장과 나눈 대화를 통해 수집한 정보를 바탕으로 클라이미트케어는 배출이 줄어

드는 시간을 대략 다음과 같이 계산하고 있다는 것을 추측할 수
있다.

프로젝트 종류	배출 상쇄 기간	계산 근거	상쇄 비율
에너지 효율	6년	에너지 효율 전구의 수명	50%
재생 가능 에너지	12년	풍력발전기의 수명	20%
나무 심기	100년	나무의 수명	30%

이 정보를 가지고 클라이미트케어를 통해 탄소를 상쇄하는
데 얼마나 걸리는지 계산할 수 있다. 예를 하나 들어보자.

2005년의 마지막 날, 나는 비행기를 타고 뉴욕에 갔다. 클라
이미트케어에 따르면, 내가 배출한 이산화탄소는 0.77톤이며, 이것
은 5.77파운드(약 1만 원)로 상쇄될 수 있다. 내가 낸 돈으로 클라
이미트케어는 위에서 얘기한 여러 프로젝트를 진행할 것이고, 시간
이 흐르면서 내 탄소대조표는 다음과 같아질 것이다.

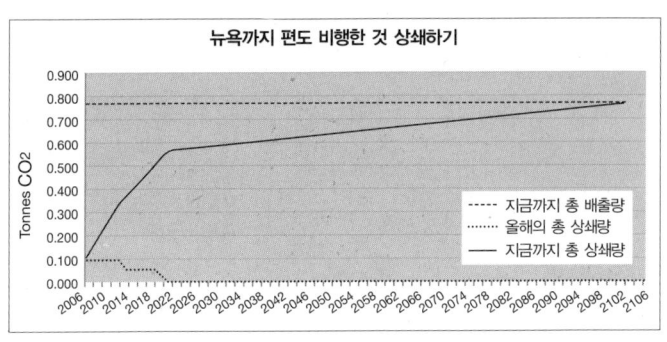

뉴욕까지 편도 비행한 것 상쇄하기

Tonnes CO2

- - - - 지금까지 총 배출량
········ 올해의 총 상쇄량
——— 지금까지 총 상쇄량

비행을 한 지 12년이 지난 2018년이 돼서야 내가 처음 배출한 탄소량의 80퍼센트가 상쇄된 것을 알 수 있다. 6년간 에너지 효율 향상 프로젝트로 탄소를 줄이고, 12년간 재생 가능 에너지를 생산한 것은 그 나름의 효과가 있을 것이다. 그러나 충분해 보이지는 않는다. 왜냐하면 나무 심기 프로젝트로는 해마다 내가 처음 배출한 탄소량의 0.3퍼센트만 상쇄할 수 있기 때문이다. 즉 내가 배출한 탄소를 모두 중립화하려면 2106년까지 기다려야 한다. 100년이라, 그때가 되면 기후 위기는 어떤 상황이 될까?

물론 클라이미트케어는 비행 한 번 상쇄한 것으로 계속 기후 중립을 유지할 수 있다고 주장하지 않는다. 해마다 비행을 한다 해도 계속해서 이것을 상쇄하기만 하면 기후 중립을 할 수 있다는 것이 클라이미트케어의 생각이다. 과연 이 말이 사실일까?

내가 앞으로 30년 동안, 해마다 12월 31일이 되면 뉴욕으

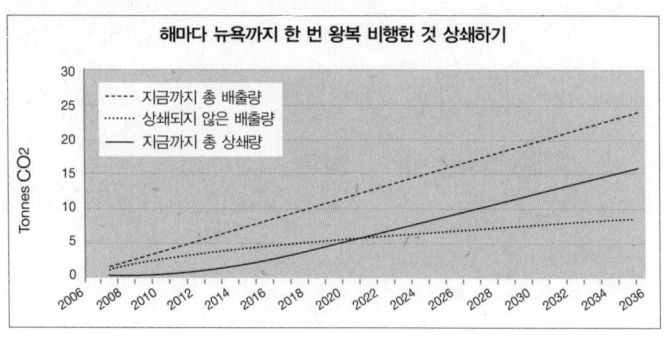

해마다 뉴욕까지 한 번 왕복 비행한 것 상쇄하기

로 왕복 항공 여행을 떠난다고 가정해보자. 나는 그때마다 충실히 5.77파운드(약 1만 원)를 낼 것이다. 앞에서 한 것과 똑같은 기준으로 계산한다면, 내 탄소대조표는 위 그래프와 같을 것이다.

해마다 비행으로 발생한 탄소 배출량은 점점 증가할 것이고, 클라이미트케어에 상쇄 비용을 내는 한 상쇄량도 증가할 것이다. 그러나 배출과 상쇄는 오랜 시간 진행되므로 상쇄되는 양은 배출하는 양만큼 빨리 증가하지 않는다. 그래서 상쇄되지 않은 배출 총량이 증가하게 된다. 내 상태는 기후 중립에서 멀 뿐만 아니라 오히려 그 반대에 가깝다. 내가 비행할 때마다 대기 중의 탄소량은 늘어난다. 탄소대조표는 잘못된 방향으로 가고 있는 것이다.

내가 더 자주 해외여행을 하는 사람이라고 가정해보자. 30년 동안 뉴욕까지 1년에 한 번이 아니라 세 번 왕복 비행을 한다면, 내가 배출한 탄소를 상쇄하는 것이 더 어려워질까? 비행기를

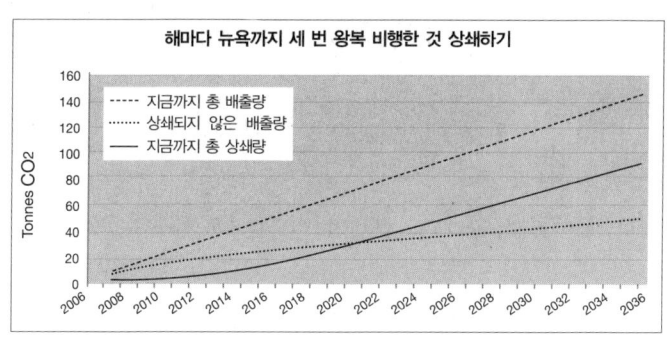

탈 때마다 클라이미트케어가 요구하는 5.77파운드(약 1만 원)를 낸
다면, 내 탄소대조표는 위 그래프와 같을 것이다.

그래프 모양은 앞의 경우와 거의 비슷하지만, 숫자는 더 커
진다. 만약 1년에 한 번씩 편도 비행을 한다면, 나는 2036년이 되
면 상쇄하지 못한 '마이너스의 이산화탄소 잔고' 8.5톤을 갖게 될
것이다. 만약 여섯 배나 더 자주 비행한다면, 2036년에 무려 51톤
을 갖게 된다. 각각의 경우는 상쇄되지 못한 11년간의 배출량하고
같다.

그러나 여기에서 핵심은 내가 더 자주 비행기를 탈수록, 나
는 기후 중립에서 더 멀어진다는 사실이다. 즉 기후 중립을 달성
하기 위한 작은 끈이라도 붙잡으려면, 비행기를 자주 타는 사람은
더 많이 상쇄를 해야 한다는 말이다.

상쇄를 해서 기후 중립을 달성할 수 있다는 생각은 언론의

여론 조작에 지나지 않는다. 비행 한 번으로 발생한 탄소의 영향을 무효로 하려면 꼬박 100년이 걸리기 때문이다. 그리고 더 자주 비행기를 탈수록 더 많이 상쇄해야 하고, 탄소 상쇄를 얼마나 빠른 시간 안에 해야 하는가에 따라 상쇄 비용은 클라이미트케어가 주장하는 것보다 훨씬 더 비싸진다.

탄소를 상쇄하려면 돈을 얼마나 내야 하는가? 글의 앞부분에서 얘기한, 여러 가지 시간의 틀에서 바라본 배출 상쇄 기간에 관한 이야기로 돌아가 보자. 우리는 목표를 달성하려고 클라이미트케어에 얼마나 많은 돈을 내야 하는가?

배출 상쇄 기간	뉴욕까지 편도 비행한 것 상쇄하는 비용
100년(나무의 수명)	5.77파운드(약 1만 원)
2026년까지 20년	10파운드(약 1만 7000원)
영국 정부의 목표에 맞춰 2010년까지 20퍼센트 감축	20파운드(약 3만 4000원)
1년	50파운드(약 8만 5000원)
다음 비행하기 전까지 (해마다 세 번 비행 기준)	200파운드(약 34만 원)
뉴욕에 도착하기 전까지	8만 6402파운드(1억 5000만 원)

그렇다면 어떻게 결론을 내릴 수 있을까? 첫째, 탄소 중립 회사는 실상은 그렇지 않은데도 탄소 상쇄로 기후 중립을 달성할 수 있다고 얘기한다. 비행기를 탈 때마다 탄소 배출량은 증가할 뿐이다.

둘째, 탄소 상쇄는 실제 필요한 비용보다 너무 싸다. 탄소를 얼마나 빨리 상쇄해야 한다고 생각하는가에 따라 빠른 시간 안에 탄소를 상쇄하려면 돈을 1만 5000배나 더 내야 한다. 클라이미트케어 등의 상쇄 회사들이 이런 수준의 신속한 상쇄 프로그램을 개발할 수 있을지 의문이다.

《뉴인터내셔널리스트New Internationalist》의 최근 기사를 보면, 클라이미트케어 설립자인 마이크 메이슨은 이렇게 말했다. "나는 모든 사람이 비행기를 탄 뒤 비행으로 발생한 탄소를 상쇄하는 것보다 오히려 반절에 가까운 사람들이 아예 비행기를 포기하는 게 낫다고 본다." 그러나 만약 이런 일이 일어난다 해도 클라이미트케어의 계산에 따르면, 비행기를 탄 절반의 사람들이 배출한 탄소가 모두 상쇄되기 전에 2020년이 될 것이다. 그때까지 기꺼이 기다릴 것인가 결정하는 것은 '마이크 메이슨의 손'에 달려 있다.

탄소 상쇄 기업이 탄소 중립을 주장할 수 있는 이유는 그 기업들이 '미래가치계산'이라고 불리는 탄소계산법을 사용하고 있기 때문이다. 미래가치계산법에서는 앞으로 줄어들 것으로 보이는 탄소 저감분이 현재 줄어들고 있는 탄소 저감분으로 계산된다. 이것은 엔론이 수익을 부풀리려고 사용한 것하고 같은 방법이다. 엔론처럼 '카드로 지은 집'은 곧 무너져버린다.

어쨌든 나는 '미래가치탄소계산법'을 사용하는 수법이 자발적 상쇄 회사가 운영하는 작은 프로젝트보다 훨씬 더 깊이 침투할까봐 걱정스럽다. 이 계산법은 교토 의정서 체제의 청정 개발 체제에도 적용될 수 있다. 이것은 미래의 탄소 감축을 위해 선진국이 개발도상국에 투자하는 수법으로, 이렇게 해서 선진국은 더 많은 탄소 배출을 허용 받게 된다.

영국은 자국의 탄소 배출 감축분의 3분의 2를 이 체제를 통해 달성하려고 한다. 그러나 만약 이것이 '미래가치계산법'으로 달성된다면, 파산하는 것은 몇몇의 탄소 상쇄 회사만이 아니라 국제 기후협상 자체가 될 것이다.

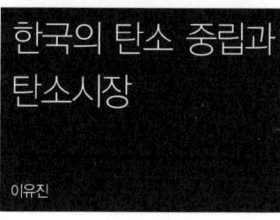

한국의 탄소 중립과 탄소시장

이유진

인류가 기후변화를 막는 방법으로 선택한 것 중에 하나는 '시장'을 활용하는 것이다. 1997년 교토 의정서에 따라 온실가스 배출권을 사고파는 시장이 탄생했다. 탄소 거래 방식에는 크게 총량 거래 ^{Cap and Trade}와 탄소 상쇄 방식이 있고, 탄소시장에는 크게 '강제적 시장'과 '자발적 시장'이 있다.

총량 거래는 세계적·국가적·지역적 차원에서 온실가스 배출 총량을 정하고 배출 한도를 할당한 뒤 잉여분이나 부족분을 거래하게 하는 제도고, 탄소 상쇄는 국가와 기업, 개인이 탄소 배출을 직접 줄이는 대신에 탄소 감축 프로젝트에 투자해 줄어든 양을 자신의 감축량으로 인정받는 것이다.

탄소시장에도 두 가지가 있다. 하나는 교토 의정서에 따라 형성된 강제 시장이다. 이것은 유럽연합과 일본처럼 교토 의정서 비준 국가들이 감축 목표를 달성하려고 운영하는 것이다. 배출권 거래제는 온실가스 감축 의무가 있는 국가가 배출량을 할당받은 뒤, 국가 간에 잉여분과 부족분을 사고팔아 목표를 달성하는 것이다. 또 교토 의정서 부속서1 국가들은 선진국끼리 온실가스를 줄이는 기술을 교환하고(공동 이행 제도), 선진국이 개발도상국에서 온실가스를 줄인 만큼 감축분으로 인정받을 수도 있다(청정 개발 체제).

청정 개발 체제는 온실가스 감축 목표를 받은 선진국이 개발도상국에 자본과 기술을 투자해 달성한 온실가스 감축분을 자국의 감축 목표 달성에 활용할 수 있게 하는 것이다. 선진국은 교토 의정서에 합의한 배출 감축 약속을 비용을 덜 들이면서 효과적으로 이행할 수 있고, 개발도상국은 선진국의 투자로 온실가스를 줄일 수 있다는 취지다.

그 뒤 '독자적 CDM^{Unilateral CDM}' 방식이 통과되면서, 개발도상국이 스스로 온실가스를 줄이려고 노력하고, 온실가스를 줄인 만큼 감축분을 팔 수 있는 제도도 마련됐다. 의무 감축 국가에 속하지 않는 한국은 독자적 CDM 방식으로 온실가스 감축사업을 진행하고 감축량을 인정받고 있다.

현존하는 가장 큰 강제적 시장인 유럽연합 배출권거래제는 2005년 4월에 문을 열었다. 유럽의 각 국가는 할당량을 스스로 결정하고, 기업에 배출권을 무료로 나눠주었다. 유럽기후거래소는 2005년 4월 문을 연 뒤 20억 톤의 온실가스 배출권을 사고팔았고, 거래 액수로만 연간 50조 원의 시장을 형성하고 있다. 탄소시장은 해마다 두 배 이상 빠르게 성장하고 있다.* 기후변화가 탄소를 사고파는 새로운 시장을 만들어낸 것이다.

그러나 문제점도 많이 드러났다. 탄소 가격 변동이 무척 심했다. 처음 거래가 시작됐을 때 1톤 당 무려 31유로(약 5만 원)까지 치솟던 것이 나중에는 가격이 너무 떨어져서 0.01유로(약 15원)까지 폭락하기도 했다. 각국이 배출권을 지나치게 많이 할당해 배출권에 여유가 있다는 사실이 알려졌기 때문이다. 케빈 스미스는 유럽연합 할당량 거래 시장에서 영국 정부가 기업에게 배출량 한도를 지나치게 많이 주는 바람에 오히려 석탄 화력발전소 업자들이 남은 할당량을 탄소시장에 팔아서 수익을 올리는 결과를 가져왔다고 주장한다.

연구자들은 2005년 이산화탄소 배출량이 배출권거래시장 도입 전과 비교해 7퍼센트 정도 줄었다고 보고했다. 그러나 앤서니 기든스는 《기후변화의 정치학》에서 이런 성과는 회원국들이 탄소 배출량을 과장했기 때문에 나온 결과라고 지적했다. 유럽위원회는 1단계 실패를 교훈으로 삼아 배출량을 중앙에서 나눠주고, 할당량의 60퍼센트 이상을 경매에 붙이고, 항공 부문도 포함하는 개선 방안을 내놓은 상태다. 2차 운영기간은 2008년부터 2012년

• 　세계탄소시장(세계은행): 312억 달러(2006) → 641억 달러(2007) → 1263억 달러(2008) →
1500억 달러(2010)

까지고, 2005년 대비 7퍼센트 감축을 목표로 하고 있다. 그러나 여전히 문제점은 있다. 과잉 할당으로 온실가스 배출 기업들이 초과 수익을 가져갈 수 있고, 가격 변동이 크며, 금융투기가 나타날 가능성이 많다.

또 다른 시장은 자발적 시장이다. 교토 의정서에 따른 의무 감축과 상관없는 시장으로, 미국과 한국처럼 국가나 지방 정부 차원에서 자체적으로 탄소 상쇄나 탄소 중립 프로그램을 운영해 거래하는 시장이다. 공인된 시장이 아니라 기업이나 단체들이 자발적으로 시장을 만든 것이다. 한국은 정부 주도로 자발적 시장을 운영하고, 이 시장의 운영 시스템과 노하우를 기반으로 교토 의정서에 따라 형성된 시장으로 진입하는 것을 노리고 있다. 이것은 교토 의정서를 탈퇴해 탄소시장에서 영향력이 없는 미국도 마찬가지다.

탄소시장의 존재 이유는 이산화탄소 감축이다. 그러나 그 성과를 평가하는 것은 쉽지 않다. 이 부분이 가장 논쟁이 되는 지점이다. 자발적 시장에서 배출권을 사는 사람들도 모두 자기가 낸 돈으로 탄소가 확실히 줄어들었다는 것을 확인하고 싶어한다. 그러나 탄소 상쇄 사업은 그 사업을 하지 않았을 경우 발생한 온실가스 배출량을 기준으로 설정하고, 그 기준에서 줄어든 양을 계산하는데, 기준을 어떻게 정하는가에 따라 줄어든 양의 차이가 무척 크다. 따라서 시장을 통한 온실가스 감축 목표 달성이 과연 바람직한 일인가 하는 논쟁은 지금도 계속되고 있다. 카본트레이드워치와 기후 정의를 위한 더반 네트워크[Durban Network for Climate Justice]는 효과가 명확하지 않다는 이유로 탄소시장을 강력하게 반대하고 있고, 현재 유럽의 배출권거래제 2라운드 사업이 어떻게 진행될지 촉각을 곤두세우고 있다.

2009년 코펜하겐에서 열린 기후변화협약 당사국 총회에서도 온실가스 감축 목표는 합의하지 못했지만, 교토 의정서의 유연성 체제를 적극 활용한다는 데에는 많은 나라가 동의를 했다. 앞으로도 시장은 커지겠지만 걱정도 점점 많아지고 있다. 유럽연합이 자기가 줄여야 할 온실가스를 배출권을 사서 충당하는 방식에 의존한다면, 선진국이 '낮은 가지에 열린 열매'를 손쉽게 따 간다는 비판에서 자유로울 수 없기 때문이다. 그리고 CDM 시장이 일부 국가(중국, 인도, 한국)에 편중돼 있다는 사실도 문제다. 탄소시장이 실제로 온실가스 배출을 줄이는 효과가 있는지 앞으로 더 많은 연구를 하고 검증 작업을 해야 한다.

한국에도 이미 탄소시장은 열려 있다

한국에서도 '탄소 중립'이나 '탄소 상쇄'라는 용어가 널리 퍼지고 있다. 여러 NGO는 우리가 일상생활에서 탄소를 많이 배출한다는 사실을 깨닫자는 캠페인을 벌이고 있다. 녹색연합의 탄소발자국 계산기나 환경운동연합의 탄소고백운동은 자기가 배출

탄소 중립을 위한 상쇄 표준 방안

기업의 자발적 감축 실적(KCERs) 구매	·자발적 감축 실적 구매 가격 5000원/tCO2 ·온실가스 감축 실적 거래 시스템 연동 뒤 시장가격 적용 (2008년 하반기 가격 기준) ·기업의 자발적 감축 사업 분야를 세부적으로 분류, 제시

나무 심기, 숲 가꾸기 참여	·탄소 흡수원 상쇄 비용 5만 원/tCO2
	  – 잣나무 묘목을 1헥타르에 40년 동안 키울 때 필요한 비용
	  – 잣나무 약 600그루(0.2헥타르 조성)를 40년 동안 키우면 연간 1tCO2 흡수
	·탄소 중립 숲, 쌈지 숲

신재생에너지 설비 선투자	·신재생에너지 설비 선투자의 기준 가격 1만 5000원/tCO2 – CDM 사업 감축 실적(CERs)의 현 거래 가격 적용(2008년) ·공공재적 부문에 대한 신재생에너지 시설 투자 ·제3자 검증 작업을 통한 투자의 신뢰성 제고

(에너지관리공단 http://zeroco2.kemco.or.kr 참조)

한 탄소 발생량을 살펴보고 삶의 방식을 바꿔야 한다고 얘기한다. 눈에 보이지 않는 탄소량을 에너지 소비량으로 계산해보고 자신의 탄소발자국을 알아보는 것은 의미 있는 일이다. 이렇게 한국의 NGO는 탄소 중립을 본격적으로 알리기보다는 탄소를 줄일 수 있는 삶의 방식을 소개하고 있다.

한국에서 탄소 중립 프로그램을 주도해서 진행하는 곳은 지식경제부 산하 에너지관리공단이다. 2008년 11월 지식경제부는 '탄소 중립 프로그램'이라는 자료를 발간했다. 이 자료에서 탄소 중립을 "일상생활에서 발생하는 온실가스를 산정하고 중립 목표를 선언한 뒤 상쇄 방안을 선택해 자발적 온실가스 감축을 실천하는 운동"이라고 설명했다. 탄소 상쇄 제도의 활용 방안은 "기업들은 기업의 사회적 책임^{CSR} 차원에서 스스로 감축 목표를 수립하고, 미달하면 감축 실적을 시장에서 사서 이것을 마케팅에 활용하고, 연예인과 정치인 등의 유명인사는 공연, 선거운동, 차량 이동 등에서 발생하는 온실가스를 0으로 하기 위해 소비 방식을 바꾸려고 노력하고 감축 실적을 구매해 이것을 홍보해 이미지를 제고할 수 있다"고 소개했다. 탄소 상쇄 활동을 마케팅과 이미지 홍보에 연결시키고 있는 것이다.

탄소 중립 프로그램에 참여하려면 에너지관리공단 탄소 중립 홈페이지(http://zeroco2.kemco.or.kr)에서 자신이 배출한 탄소량을 계산해 탄소 중립 선언 신청서를 작성하고, 탄소 중립을 위한 상쇄

온실가스 배출 감축 사업 신청, 등록, 인증, 정부 구매 현황

연도	사업 등록 신청		등록 완료		인증 완료		정부 구매	
	신청 수	신청량 (tCO2)	등록 건수	예상 등록량	인증 건수	인정량	정부 구매 사업 수	정부 구매량
합계	262	20,583,994	253	4,273,247	290	5,591,912	76	714,994
2010	6	125,580	3	4,000	3	3,500	1	20
2009	88	6,037,582	83	1,221,968	178	2,836,510	75	714,974
2008	67	4,462,672	64	967,461	71	1,810,595	0	0
2007	60	4,743,592	62	1,036,342	38	941,307	0	0
2006	41	5,214,567	41	1,043,474	0	0	0	0

(2010. 2. 1. 기준, 에너지관리공단 온실가스감축등록원 http://reg.kemco.or.kr 참조)

표준 방안 중에 한 가지를 선택하면 된다.

에너지관리공단이 제시하는 탄소 중립 방안에는 세가지가 있다. 첫째는 나무를 심는 것인데, 1톤당 5만 원이 든다. 잣나무 묘목을 1헥타르에 40년 동안 키울 때 필요한 비용이라고 한다. 둘째는 태양광발전기 설치 비용을 지불하는 것으로, 1톤당 1만 5000원이 든다. 셋째는 기업들이 줄인 국내 온실가스 감축 실적[KCER]을 사는 것이다.

KCER은 좀더 자세한 설명이 필요하다. 2005년 7월, 정부는 에너지관리공단에 '온실가스 감축 실적 등록소'를 개설했다. 정부는 국내에서 추진하는 온실가스 감축 사업을 평가한 뒤 계획량을 등록하고, 검증을 거쳐 감축 실적을 인정해주고 있다. 이런 절차를 거쳐 국내에서 인증 받은 감축 실적을 KCER[Korea Carbon Emission Reduction]이라고 한다.

KCER 사업에는 온실가스를 많이 배출하는 철강, 석유화학, 발전 회사인 포스코, LG화학, SK, 삼성전자, 한국남동발전, GS파워 등이 적극 참여하고 있다. 2007년부터 정부는 기업의 자발적인 온실가스 감축을 장려하려고 감축 실적에 따라 $1CO_2$톤당 1KCER을 발급하고, 1KCER을 약 5000원에 구매하고 있다(2008년 톤당 4677원, 2009년 상반기 4837원). 이렇게 산 감축분의 소유권은 정부가 갖는다. 2010년까지 정부는 국내 기업들의 온실가스 감축 사업 76건에 대해 약 71만 4994KCER을 세금으로 샀고,

각각 2007년 50억 원, 2008년 90억 원, 2009년 상반기 90억 원을 집행했다. 정부가 기업이 줄인 온실가스를 세금으로 사들이는 것이다. 기업이든 정부든 개인이든 탄소를 줄이려는 노력은 당연한 일인데, 유독 기업한테만 세금으로 경제적인 보상을 해주는 것이 과연 바람직한 일일까? 온실가스 감축 실적 등록 제도에서도 수혜자는 온실가스를 가장 많이 배출하는 기업이다.

　　나무를 심거나 재생 가능 에너지로 탄소를 상쇄하는 문제점은 이 책에서 이미 다각도로 분석을 했다. 마찬가지로 한국 정부가 운영하고 있는 KCER제도와 탄소 중립 프로그램이 과연 바람직한 제도인지 검토해볼 필요가 있다. 에너지관리공단 탄소 중립

탄소 중립 프로그램 참여 현황

년도	건수	참여 기관 수	참여량CO$_2$kg
2008년	33	30개 기관	10,480,448
2009년	64	43개 기관 /10명 개인	5,614,081
2010년	5	5개 기관	2,117,354
합계	97		16,094,531

(2010년 1월 말 기준, 에너지 관리공단 http://zeroco2.kemco.or.kr 참조)

프로그램에 참여한 개인이 자기가 낸 돈이 국내 주요 대기업들이 줄인 온실가스를 사는 데 사용되었다면 어떻게 생각할까? 탄소 중립에 참여하는 사람들은 자기가 낸 돈이 더 의미 있는 곳에 쓰이기를 바랄 것이다.

2008년도에 시작된 탄소 중립 프로그램은 지금까지 102건이 진행되었으며, 총 1만 8211CO2환산톤이 상쇄되었다. 우리나라 국민 1인당 온실가스 배출량이 1년에 12CO2환산톤이기 때문에 지난 3년간 국민 1500여 명이 배출한 온실가스를 상쇄한 셈이다. 그리 많지 않은 양이다. 그러나 해마다 탄소 중립에 참여하는 공공기관과 기업이 늘어나고 있고, 참여 주체들도 더 다양해지고 있다.

탄소 중립 프로그램은 주로 정부 기관이 국제회의나 국내 행사를 주최할 때 참여하고, HSBC와 국민은행, 신한은행은 탄소 중립 프로그램을 통해 숲을 조성하고 있다. SK도 최근 탄소 중립을 선언했다. 이 기업들이 진행하고 있는 탄소 중립이 그린워시로 전락하지 않으려면 진행 내용을 투명하게 공개하고 모니터링을 해야 한다.

2010년부터 한국에서 배출권거래제가 시범적으로 시작되었다. 정부는 국내에서 자발적 배출권시장을 형성해서 경험을 쌓은 뒤에 아시아나 세계시장에 참여한다는 계획을 세우고 있다. 실제 2015년에는 OECD 국가 탄소시장이, 2020년에는 글로벌 탄소시장[JCAP]이 개설될 전망이다.

환경부는 1월 탄소배출권거래제 시범사업(http://emissiontrade. go.kr)을 시작했다. 서울특별시 등 열네 개 광역자치단체*, 환경친화기업협의회, 한국체인스토어협회 등 약 644개 기관이 참여하고 있다.** 시범 사업 기간 동안 온실가스 감축 목표는 기준 연도(2005~2007 평균) 대비 절대량 기준으로, 사업장과 대형 빌딩은 평균 1퍼센트, 공공 기관은 최소 2퍼센트 이상이며, 제3자 전문 검증 기관*을 활용해 배출량을 검증받아야 한다.***

지식경제부는 2010년 하반기부터 '사업장 단위의 배출권거래제'를 도입한다. 제조업 중심이면서 철강과 석유화학 등 에너지 다소비 업종에 의존을 많이 하는 한국의 특징을 고려해 시카고 기후거래소^{CCX}와 협력한다고 한다. 서울시는 4월부터 서울 시내 54개 공공 기관이 참여하는 '탄소배출권 거래제'를 실시할 예정이다. 시 차원에서 탄소배출권 거래제 운영 조례를 제정하고 공공 기관을 중심으로 배출권 거래를 시작한다는 것이다. 시범 사업 기간은 2010~2012년까지 3년간으로, 공공 부문에서 시작해 민간 시설까지 확대 실시된다. 서울뿐만 아니라 각 지방자치단체에서도 배출

---

*   서울특별시, 부산광역시, 인천광역시, 대구광역시, 광주광역시, 대전광역시, 울산광역시, 경기도, 강원도, 충청남도, 전라북도, 전라남도, 경상남도, 제주특별자치도.
**   삼성전기(주) 등 29개 사업장, (주)신세계이마트·롯데쇼핑(주)·홈 플러스 그룹 총 169개 유통매장, 부산광역시청 등 446개 공공 기관.
*** BSI 코리아, DNV 코리아, 삼일회계법인, 한국품질보증원, 한국선급 등 열두 개 기관(2009년 12월 지정, 환경관리공단).

권거래제를 시작한다는 발표와 더불어 배출권 거래를 통해 줄일 수 있는 온실가스 전망을 앞다퉈 내놓고 있다. 탄소배출권 거래소를 유치하려는 지방자치단체의 경쟁도 본격적으로 시작되었다.

정부는 2010년 하반기까지 총량 제한 탄소배출권거래제 도입을 위한 법령을 제정할 예정이라고 밝혔다. 한국에서도 본격적인 탄소시장 개설을 앞두고, 배출권 할당 대상, 할당 방법과 검증 등에 관한 논의가 진행되고 있다. 이런 상황 속에서 각 정부 부처들은 배출권거래 사업의 주무 부서가 되려고 서로 경쟁하며 갈등을 빚고 있다. 기업들은 벌써부터 배출량을 할당할 때 업종 부문별로 특수성을 고려해야 하며, 감축 규제 차원을 넘어 경제 성장에 활력을 불어넣게 설계해야 한다고 목소리를 높이고 있다. 이렇게 한국 사회에서는 정부 부처를 중심으로 탄소시장은 빠르게 준비되고 있지만, 탄소시장을 어떻게 바라보고 탄소시장의 실패를 어떻게 보완할 것인가 하는 토론은 거의 진행되지 않고 있다.

시장이 아닌 다른 대안이 필요하다

기후변화의 대안이 지나치게 시장을 중심으로 이야기되는 것을 경계할 필요가 있다. 탄소를 중립화할 수 있다는 전제에도 문제를 제기할 수 있지만, 중립을 인정한다 하더라도 더 복잡한 문제는 탄소 거래, 즉 '상품화'에 있다. 탄소가 한 번 상품으로 인식되고 이익관계가 생기면 경로 의존성에 따라, 또 그것을 둘러싼 이익집단에 따라 끊임없이 확장되는 속성이 있다. 이미 탄소시장에 파생 상품도 등장하기 시작했다. 특히 한국 사회처럼 시장을 맹신하는 신자유주의 정책을 선호하는 나라에서 열리는 탄소시장이라면 더욱 철저하게 비판과 감시를 해야 한다.

탄소 중립이나 탄소시장을 통해 우리는 정말 온실가스를 줄일 수 있을까? 우리의 딜레마는 이 질문에 누구도 시원한 해답을 주지 못한다는 점이다. 쓰레기를 매립장에 묻어버린 것을 마치 쓰레기가 지구상에서 사라진 것처럼 여기듯이, 탄소를 상쇄하면 우리가 배출한 탄소가 정말 사라진 것처럼 착각하게 되는 것은 아닐까? 또 탄소대조표에서 숫자로 줄어든 양을, 검증도 하지 않은 채 현실에서 줄어든 것으로 믿으면서 안심하는 것은 아닐까?

이 책에서 제시하듯이 탄소 상쇄 제도 같은 '가짜' 해법이 아니라, 온실가스를 줄이는 다른 대안들은 많이 있다. 런던의 알렉산더스는 탄소 상쇄가 아니라 보더그린에너지팀을 직접 지원해 탄소를 줄이는 일을 함께 하고 있다. 오고니 투쟁처럼 공동체와 풀뿌리 단체들이 탄소 집약적인 세계 경제 체제를 고수하려는 정부와 기업에 대항해 싸운 경우도 있다. 따라서 우리는 사회 시스템을 저탄소와 녹색으로 전환시키는 데 더 많은 노력과 에너지를 쏟아야 한다. 이렇게 하려면 시민사회의 구실이 중요하다. 탄소를 직접 줄이고 시스템을 바꾸려는 활동에 더 높은 가치를 줄 수 있게 여론을 만들어가야 한다. 특히 한국 기업이 해외 조림 사업이나 CDM 사

업으로 일으키는 문제도 감시해야 한다. 시장이 아닌 다른 대안을
찾으려는 시민사회의 활발한 활동이 필요한 시점이다.

참고문헌

가브리엘 워커 · 데이비드 킹 지음, 양병찬 옮김. 2008.《핫 토픽 — 기후변화, 생존과
　　대응전략》. 조윤커뮤니케이션.

구준모. 2010. 1. 27. 〈탄소 거래 시장의 현황과 문제점〉. 에너지기후정책연구소 월
　　례 세미나 발표자료.

기타무라 케이 지음, 황조희 옮김. 2008.《탄소가 돈이다》. 도요새.

김정인. 2008. 〈탄소 중립 프로그램의 현황과 전망〉 겨울호. 에너지포커스 제 5권
　　제4호, 통권 30호.

앤서니 기든스 지음, 홍욱희 옮김. 2009.《기후변화의 정치학》. 에코리브르.

엘 고어 지음, 김명남 옮김. 2006.《불편한 진실》. 좋은생각.

조지 몬비오 지음, 정주연 옮김. 2008.《CO2와의 위험한 동거: 저탄소 녹색 지구를
　　위한 특별한 제안》. 홍익출판사.

지식경제부. 2008. 11. 05. 〈탄소 중립 프로그램〉.

탄소 중립(Carbon Neutral), 해법인가 면죄부인가? September 11, 2007, Filed under
　　Environment(http://makeittrue.net/wp/2007/09/11/96/).

UNEP. 2008.《CCCC 습관을 바꿔요 — 유엔 기후 중립 가이드》.

청파교회가 기후변화에 대처하는 법 – 땅의 주인은 우리가 아니다

기독교, 천주교, 불교, 이슬람교 등 전세계 인구의 85퍼센트가 종교를 믿는다. 우리나라도 4700만 인구 중 종교를 가진 사람이 2500만 명에 이른다. 종교야말로 날로 심각해지는 기후변화의 영향과 지구의 운명을 논의할 좋은 위치에 있다. 더욱이 기후변화 문제는 깊은 의미에서 윤리적인 문제이기에 종교의 가르침이 기후 문제에도 적용될 수 있다.

서울역과 용산역 사이, 삭막한 대도시 복판에 녹색 숨결을 불어넣고 있는 교회가 있다. 환경을 지키고 가꾸는 것이 기독인의 마땅한 책무라 말하며 이것을 실천에 옮기고 있는 청파교회다. 20년째 이 교회에서 목회 활동을 하고 있는 김기석 목사를 만나 기후변화에 대응하려는 교회의 실천과 탄소 중립에 관한 이야기를 나눴다. 김기석 목사는 스스로 환경 친화적인 삶을 살면서 사람들에게 지구의 환경이 얼마나 심각한 위기에 놓여 있는지 일깨우는 데 힘쓴다. 자동차 면허가 없는 김기석 목사는 집인 마포구 도화동에서 자전거를 타거나 걸어서 출퇴근을 하고 있다.

교회가 환경을 위해 실천하는 것도 남다르다. 친환경 농산물로 지은 밥을 나누며, 음식물 쓰레기는 남기는 법이 없다. 교회는 또 교인들이 생협 활동에 동참할 수 있게 다리 구실을 한다. '감리교 농도생협'의 가장 활발한 고객인 청파교회는 일요일 낮에 한시적으로 생협 문을 연다. 달걀이나 우유 등 신선식품은 미리 신청을 받아 배달하고 과자나 샴푸 같은 제품은 일정량을 교회에 상비해 두는데 교인들의 호응이 좋다. 자주 사용하지 않는 물품은 '초록가게'를 통해 서로 교환해서 사용하고 있다. 옷이나 낡은 물건을 사용하는 것은 물자 절약이라는 의미도 있지만 삶에 대한 철학과 자세의 변화를 가져온다는 것이 김기석 목사의 설명이다.

청파교인들이 본격적으로 환경운동을 하면서 만들어진 환경부 모임도 있다. 서른 명 정도 되는 환경부원들이 환경 관련 주제를 정해 꾸준히 공부하고 있다. 2007년에는 교회 건립 100주년을 맞아 지붕 위에 태양광발전소를 설치했다. 화석연료가 아닌 생명의 빛으로 얻어진 수익금은 지역의 에너지 빈곤층에 기부한다. 청파교회가 특별한 것은 이것뿐만이 아니다. 이곳에는 다른 교회에서는 볼 수 없는 헌금이 있다. 바로 '탄소 발생 부담금'이다. 비행기로 출장이나 장거리 여행을 다녀온 교인들이 자발적으로 내는 탄소 발생 부담금은 몽골의 사막화를 방지하는 데 필요한 나무 심기에 쓰이고 있다.

기후변화에 대응하는 방식은 다양하다. 청파교회는 매주 예배 시간을 통해 교인들이 삶에 관한 철학과 인식을 바꿔 나갈 수 있게 돕는다. 편안함과 안락함을 줄이면서 녹색 환경을 지켜나가는 것, 분명 불편하고 어려운 일이지만 마땅히 가야 하는 길이라는 것을 매주 되새김질 하게 한다. 2010년 청파교회는 에너지를 절약하고, 육식을 줄이며, 대중교통을 이용하자는 등의 내용이 담긴 열 가지 환경 수칙을 발표했다. 삶 속에서 '생태적 개종'을 경험한 사람들의 탄소발자국은 자연스레 줄어들 것이다. 여기에 김기석 목사가 《공기를 팝니다》를 미리 읽고 쓴 글을 싣는다.

땅의 주인은 우리가 아니다

김기석

"우리는 하나님의 작품인 세계가 내적인 통전성을 지니고 있으며 땅, 바다, 공기, 숲, 산 그리고 인류를 포함한 모든 피조물이 하나님의 눈에 '좋았다'는 것을 확언한다. 창조의 보전은 사회적 측면과 생태학적 측면을 지니는데 사회적 측면은 정의를 동반한 평화로서 인식되고 생태학적 측면은 자연 생태계의 자기 갱신적·지속적 성격에서 인식된다."

"우리는 땅이 하나님께 속해 있다고 확언한다…… 우리는 땅을 단지 시장성 있는 상품으로만 취급하고, 가난한 자들을 희생시키면서 투기를 허용하고, 땅과 그 생산물의 착취, 불공평한 분배 오염을 조장시키고, 직접 땅으로부터 먹고사는 사람들이 땅의 참된 위탁자가 되는 것을 막는 여하한 정책에도 저항할 것이다."

1990년 JPIC(정의, 평화, 창조질서의 보전) 서울 대회에서 채택한 최종 문서에 나오는 신학적 확언의 일부다. 어쩌면 한국 교회 갱신의 돌쩌귀로 작용할 수도 있는 모임이었지만, 대형화를 지향하던 교회들은 한결같이 이 대회에서 논의된 담론들을 외면했다.

'홍수와 무지개 사이'에서 살고 있는 인류에게 희망이 있는가? 이 물음에 대한 답은 오직 삶을 통해서만 찾을 수 있다. '더 많이, 더 편리하게'라는 소비사회의 구호가 마치 행복으로 가는 열린 문처럼 여겨지는 시대에 절제를 요구하는 것은 시대착오적인 발상처럼 보인다. 하지만 소비의 증대가 곧 근원적 행복과 직결될 수 없다는 사실은 후기 산업사회에 살고 있는 모든 사람들의 보편적 경험이다.

"일단의 사람들이 나무 위에 올라가 자기가 딛고 서 있는 가지에 톱질을 하고 있었다. 어느 순간 가지가 부러지며 한 사람이 땅으로 떨어졌다. 나무 위에 있던 사람들은 깜짝 놀라 잠시 하던 일을 멈추고는 땅에 떨어진 사람을 바라보았다. '어리석은 사람 같으니.' 사람들은 속으로 혀를 차고는 톱질을 계속했다."

브레히트가 들려주는 이 이야기는 무척 예언적이다. 기후변화로 일어나는 대재앙을 예고하는 소리가 곳곳에서 들려온다. 사람들은 사태가 아주 심각하다는 사실을 인정한다. 그러나 익숙하던 삶의 방식을 바꿀 생각은 품지 않는다. '먹고 죽자'는 방탕한 허무주의 때문인가? 지금까지 온갖 어려움을 극복해온 인류의 검질김을 믿는 낙관론 때문인가?

야훼께서는 자신이 창조하신 세계를 둘러보시며 흐뭇해 하셨다. 모든 것이 있어야 할 자리에 있었고, 보이지 않는 연대의 끈이 그 모든 세계를 그물망처럼 연결하고 있었기 때문이다. 인류가 아직 어렸을 때 사람들은 삶의 우주적 차원을 잃어버리지 않았다. 밤하늘의 별을 보고 감탄했고, 흐르는 시냇물 소리를 통해 신의 음성을 들었다. 하지만 지금 우리 삶은 지상의 인력에서 결코 자유롭지 못하다. 종교조차 이 병든 세상을 치유할 능력이 없다. 아니, 생각조차 없다. 대전환이 필요한 때다. 생태학적 개종자들이 늘어나야 한다. 불편을 즐겁게 감수하면서, 새 하늘과 새 땅이라는 꿈을 가슴에 품고 해산의 수고를 하는 이들이 필요하다.

교회 지붕에 햇빛발전소를 세우면서 이 척박한 도심지 교회의 옥상마다 햇빛발전소가 세워지기를 꿈꾸었다. 이산화탄소를 배출하지 않으면서도 에너지를 생산할 수 있다는 사실에 사람들이 감동하고 함께 동참해주기를 바란 것이다. 지붕을 바라볼 때마다 마치 그곳에 푸른 숲이 들어선 것 같아 마음이 흐뭇하다. 그 일과 동시에 몇몇 교우들과 더불어 시작한 것이 '이산화탄소 발생 부담금 운동'이다. 해외 출장이나 여행을 다녀온 교우들이 먼저 시작한 이 운동은 조금씩 조금씩 참여자가 늘어나고 있는 추세다. 어떤 사람들은 일주일 동안 차량을 운행한 거리를 계산해 부담금을 내고 있다. 더 적극적으로 이 운동에 동참하는 사람들은 육류를 소비할 때마다 메탄가스 발생 부담금을 내기도 한다. 시대의 정신에 굴복하지 않고 자신의 정체성을 스스로 구성해 나가려는 사람들의 아름다운 실천은 미약하기 이를 데 없다. 하지만 본래 희망이란 희박한 것이 아니던가? 이들이야말로 정신을 차린 사람들이라 생각한다.

이산화탄소 발생 부담금과 메탄 발생 부담금, 그리고 각자가 욕망을 절제한 뒤 그것을 액수로 계산해 내는 '녹색꿈헌금'을 모아 우리는 사막화가 급격하게 진행되고 있는 몽골의 스텝 지역에 '은총의 숲'을 가꾸기 시작했다. 기독교환경운동연대와 더불어 시작한 이 일은 이제 초기 단계지만, 우리는 숲이 되살아나고 숲과 더불어 마을 공동체가 살아나는 광경을 머리에 그리며 일을 추진하고 있다. 몽골의 사막화는 이제는 남의 나라 문제가 아니라, 바로 우리의 문제일 수 있음을 알기에 이 일에 전심전력을 다하고 있다. 사막에 꽃이 피어나고 광야에 물이 흐르는 광경을 그리던 옛 이스라엘 선지자들의 꿈을 실현하고 싶은 것이다.

여기저기서 탄소 중립이나 탄소 상쇄 프로그램이 진행되고 있다. 이것도 의미 있는 일이다. 하지만 이것이 부유한 기업이나 나라한테 악용된다면 세상의 양극화는 더 심화될 것이다. 이 시대에 무엇보다 중요한 것은 우리의 삶의 방식을 바꾸는 일이고, 크게는 문명을 전환시키는 일이다. GDP가 늘어나는 것을 발전이라 여기는 사고가 인류를 사로잡는 한, 생태계의 파괴가 가속화될 것임은 불을 보듯 뻔하다. 생태계의 파괴는 곧 인류의 멸절로 이어질 것이다. GPI$^{genuine progress index}$가 되었든 GNH$^{gross national happiness}$가 되었든 세상을 바라보는 새로운 관점이 몹시도 필요한 때다. 우리 모두 깊이 인식해야 할 것은 '땅의 주인은 우리가 아니'라는 사실이다.

탄소 슈퍼마켓
당신의 미래를 팝니다!

KATE EVANS

- 모든 온실가스의 무게는 CO_2환산톤으로 표시했으며, 산림 벌채로 발생하는 탄소 배출도 포함시켰다.
- 더 자세한 내용은 케이트 에반스가 쓴 만화책 《수상한 기후이야기: 알고 싶지 않은, 그러나 반드시 알아야 하는 기후변화에 대한 모든 것(Funny Weather: Everything You Didn't Want to Know About Climate Change But Probably Should Find Out)》에 실려 있다.

* 절호의 기회=가능성 75%. 통제 불능의 기후변화에 대한 마지노선=산업화 이전 대비 2℃ 상승.
자료: 〈누적 탄소 배출량에 1조 톤에 따른 온난화(Warming caused by cumulative carbon emissions towards the trillionth tonne)〉 Myles R. Allen et al. Oxford University. Nature 458, 1163~1166 (2009년 4월 30일).
〈지구 온난화를 2℃ 이내로 제한하기 위한 온실가스 배출 감축 목표(Greenhouse–gas emission targets for limiting global warming to 2℃)〉 Malte Meinshausen et al. Potsdam Institute for Climate Impact Research. Nature 458, 1158~1162 (2009년 4월 30일).

탄소 슈퍼마켓에 오신 것을 환영합니다!

해법이란 게 기업에 한정된 양의 온실가스 배출권을 나눠주고, 해마다 배출할 수 있는 양을 조금씩 줄인다는 거군요.

물론이지. 배출권 할당량을 2050년까지 80퍼센트 줄인다면, 당연히 같은 양의 온실가스 배출량이 줄어들겠지.

그러려면 엄격해야 해요. 정치인들이 자국 산업을 보호하려고 배출권을 더 줄지도 몰라요.

자, 여기 우리나라 기업이라네. 배출권 좀 넉넉히 주라고!

만약 회사가 온실가스 배출량을 뻥튀기를 한다면요? 그 회사도 배출량을 뻥튀기할수록 더 많은 배출권을 얻을 수 있다는 사실을 알고 있어요.

우리 회사는 탄소를 어마어마하게 배출한다고. 우린 배출권이 훨씬 더 많이 필요해.

자, 잘 좀 봐달라고. 보답할 테니까. 그럼 거래가 성사된 거지?

좋아.

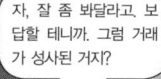

자, 최초의 탄소 슈퍼마켓이라고 할 수 있는 유럽 탄소배출권거래제를 보세요.

처음 문을 열었을 때 유럽 탄소배출권거래제는 너무 많은 배출권을 발행했죠. 모든 회사가 필요한 만큼 충분히 배출권을 받았기 때문에 누구도 탄소 배출량을 줄이려고 하지 않았어요. 줄일 필요가 없었던 거죠.

이미 이런 탄소시장을 해봤잖아요. 그 시장은 제대로 작동하지 않았다는 것도 알고 있고요.

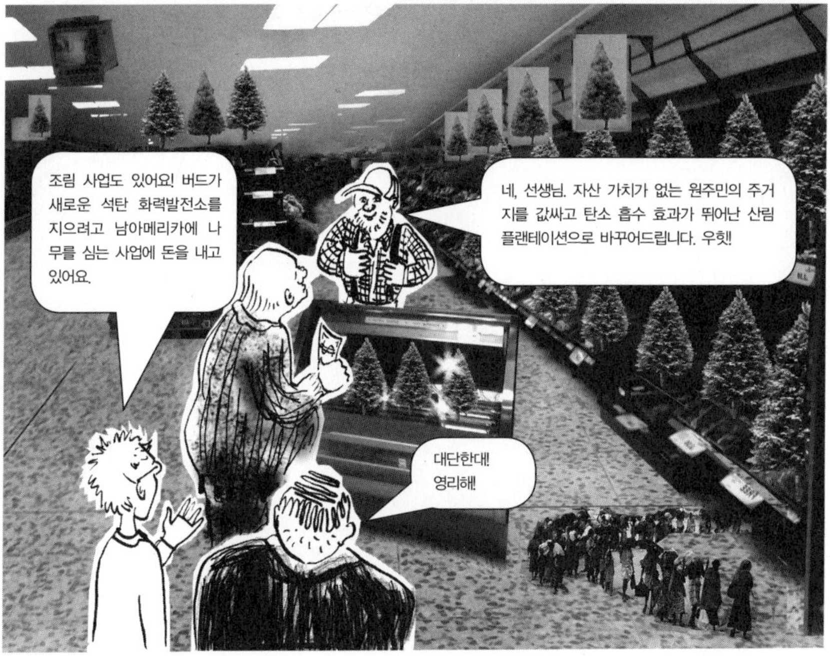

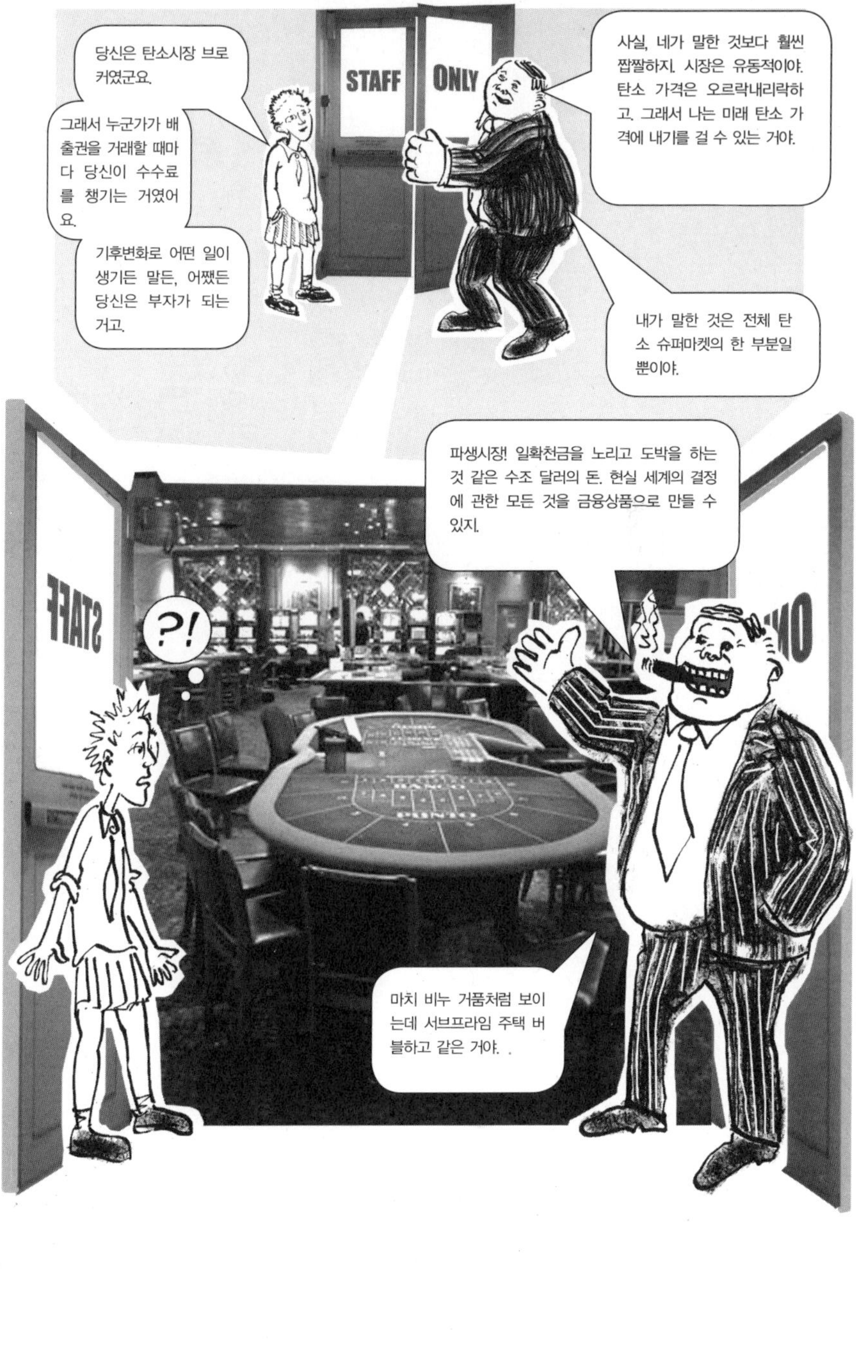

당신은 탄소시장 브로 커였군요.

그래서 누군가가 배출권을 거래할 때마다 당신이 수수료를 챙기는 거였어요.

기후변화로 어떤 일이 생기든 말든, 어쨌든 당신은 부자가 되는 거고.

사실, 네가 말한 것보다 훨씬 짭짤하지. 시장은 유동적이야. 탄소 가격은 오르락내리락하고, 그래서 나는 미래 탄소 가격에 내기를 걸 수 있는 거야.

내가 말한 것은 전체 탄소 슈퍼마켓의 한 부분일 뿐이야.

파생시장! 일확천금을 노리고 도박을 하는 것 같은 수조 달러의 돈. 현실 세계의 결정에 관한 모든 것을 금융상품으로 만들 수 있지.

마치 비누 거품처럼 보이는데 서브프라임 주택 버블하고 같은 거야. .

?!

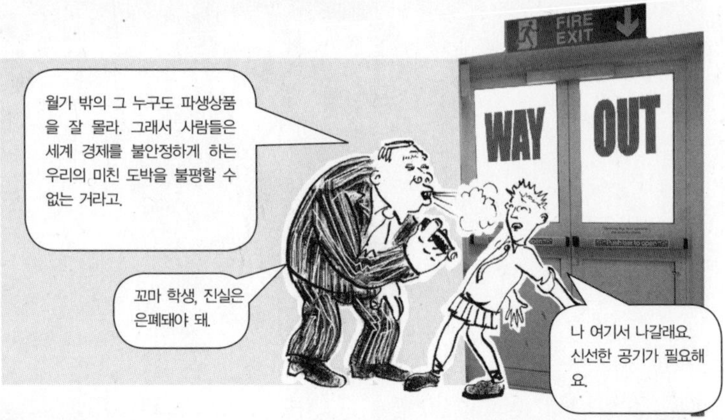

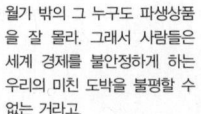

월가 밖의 그 누구도 파생상품을 잘 몰라. 그래서 사람들은 세계 경제를 불안정하게 하는 우리의 미친 도박을 불평할 수 없는 거라고.

꼬마 학생, 진실은 은폐돼야 돼.

나 여기서 나갈래요. 신선한 공기가 필요해요.

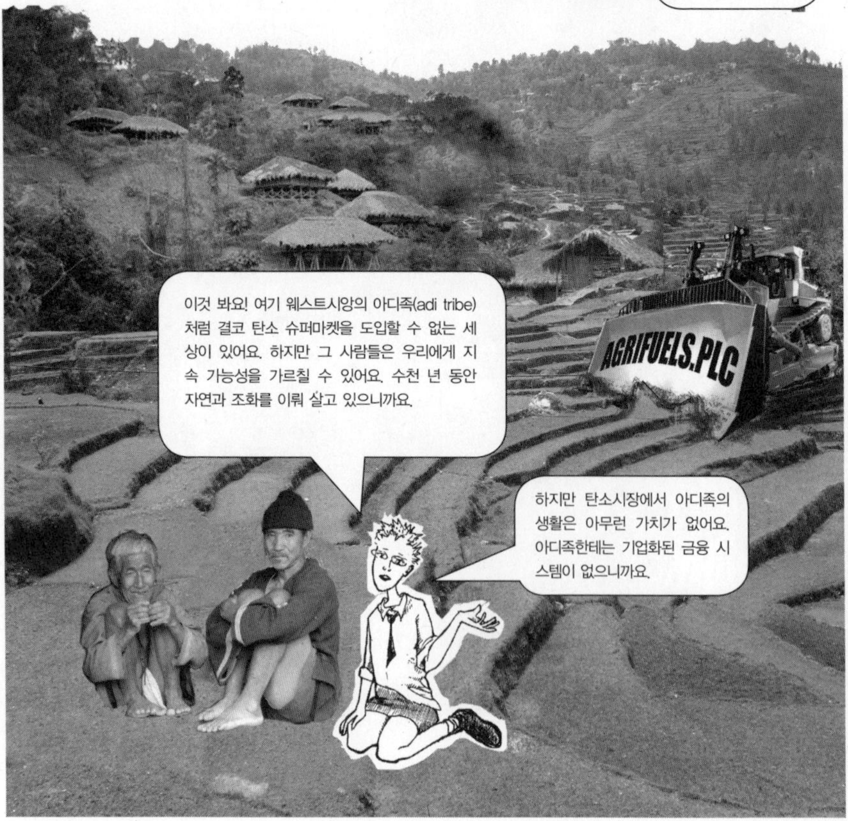

이것 봐요! 여기 웨스트시앙의 아디족(adi tribe)처럼 결코 탄소 슈퍼마켓을 도입할 수 없는 세상이 있어요. 하지만 그 사람들은 우리에게 지속 가능성을 가르칠 수 있어요. 수천 년 동안 자연과 조화를 이뤄 살고 있으니까요.

하지만 탄소시장에서 아디족의 생활은 아무런 가치가 없어요. 아디족한테는 기업화된 금융 시스템이 없으니까요.

우리에게 닥친 현실을 봐요. 탄소 거래자, 배출권 소유자, 남반구 개발업자, 정부는 불순한 동맹을 맺고 모든 자본과 권력, 영향력을 차지하고 있어요. 그 사람들은 우리 모두의 대기를 사유화하려고 혈안이 되어 있어요. 그리고 돈만 벌 수 있다면 아무런 제한 없이 계속해서 탄소를 태울 거고요.

탄소 슈퍼마켓은 평소대로 영업합니다.

www.carbontradewatch.org
www.cartoonkate.co.uk
www.funnyweather.org

들어가며

1) 이런 개념과 실제는 이미 이슬람 세계 때부터 확립되었다.

2) E Doogue. 2001. "Catholics and Protestants Discuss Indulgences." *Christianity Today*(www.christianitytoday.com/ct/2001/109/45.0.html).

3) D Adam. 2006. "Can planting trees really give you a clear carbon conscience?" *The Guardian*(http://environment.guardian.co.uk/climatechange/story/0„1889830,00.html).

4) D Adam. 2006. "You feel better, but is your carbon offset just hot air?" *The Guardian*(www.guardian.co.uk/frontpage/story/0„1889790,00.html).

5) Standard Life Investments. 2006. "Carbon Management & Carbon Neutrality in the FTSE All-Share."

1. 타락한 기후변화 논쟁

1) R Heinberg. 2005. *The Party's Over: Oil, War and the Fate of Industrial Societies*. Clairview books.

2) 같은 책.

3) N Watt. 2007. "Carry on flying, says Blair — science will save the planet." *The Guardian*(www.guardian.co.uk/business/2007/jan/09/theairlineindustry.greenpolitics).

4) D Adam. 2006. "Can planting trees really give you a clear carbon conscience?" *The Guardian*(www.guardian.co.uk/environment/2006/oct/07/climatechange.climatechangeenvironment).

5) 클라이미트프랜들리 홈페이지(http://climatefriendly.com)에서 인용.

6) 카본클리어 홈페이지(http://carbon-clear.com)에서 인용.

7) "그린워시(greenwash)는 화이트워시(whitewash)에서 유래한 단어로, 때로는 미사여구로, 때로는 가볍고 피상적인 환경 개선을 통해 환경적으로나 사회적으로 유해한 활동을 은폐하는 것을 말한다." John Barry and E. Gene Frankland. 2001. *International Encyclopedia of Environmental Politics*. London: Routledge.

8) 2005. "Carbon Offset Scheme Launched." DEFRA Press Release.

9) 2006. "BA Profits Up by 20%." Business Travel Europe 홈페이지에서 인용.

10) E Addkey. 2006. "Boom in Green Holidays as Ethical Travel Takes Off," *The Guardian*(http://guardian.co.uk/business/2006/jul/17/ethicalliving.lifeandhealth).

11) 테라패스 홈페이지(http://terrapass.com)에서 인용.

12) 클라이미트케어 홈페이지(http://jpmorganclimatecare.com)에서 인용.

13) Dr. P Wells. 2006. "Offroad Cars, Onroad Menace." Greenpeace UK.

14) Jumpstart Ford 홈페이지(http://jumpstartford.com/why_ford)에서 인용.

15) BP 홈페이지(http://bp.com/subsection.do?categoryId=9012553&contentId=7024333)에서 인용.

16) 백패커 캠퍼밴 렌탈 홈페이지(http://www.backpackercampervans.com)에서 인용.

17) G Johnson. 2004. "US: Greenwashing Leaves a Stain of Distortion; Ford's Hybrid Electric SUV." *LA Times*.

18) D Biello. "Climate Friendly Fuels?" from Ecosystem Marketplace(

http://climatebiz.com/news/2005/05/15/climate-friendly-fuels).

19) 같은 곳.

20) P Huck. 2006. "Burning Questions." *The Guardian*(http://guardian.
co.uk/environment/2006/aug/23/energy.society).

21) M Tran. 2006. "BP revs up for Carbon Neutral Monitoring." *The Guardian*.

2. 퓨처포리스트의 흥망성쇠

1) A Ma'anit. 2006. "If You Go Down to the Woods Today." *New Internationalist*.

2) C Jones. 2006. "Will you plant enough trees to save the world this year?" *The Evening Standard*.

3) 2003. "The Rolling Stones' concerts go environmental." *The Sunday Telegraph*(http://telegraph.co.uk/finance/2861256/The-Rolling-Stones-concerts-go-environmental.html).

4) J Hodgson. 2003. "Paint it Green: Stones' concerts are a gas." *The Sunday Observer*(http://guardian.co.uk/business/2003/aug/24/theobserver.observerbusiness3).

5) 카본뉴트럴컴퍼니 홈페이지에서 인용

6) 카본뉴트럴컴퍼니 홈페이지에서 인용

7) 2004. Press Release "Environmentalists Cry Foul at Rock Stars' Polluting Companies' Carbon Neutral Claims(http://carbon-info.org/_documents/Offsets%20under%20fire.pdf)"

8) 2001. Future Forests Carbon Sequestration Agreement. Coatham Wood.

9) M Chittenden. 2006. "Rock stars' green trees may be hot air." *The*

Sunday Times(http://timesonline.co.uk/tol/news/uk/article722218.ece).

10) 2005. "Plant your own trees — don't pay others to do it for you."

11) http://hie.co.uk 참조.

12) 영국에서 헥타르당 나무 1000그루를 심는다고 하면 적어도 1100그루 식재하는 것을 가리킨다. 이것은 건강한 삼림지 조성을 위해 영국 산림위원회가 권장하는 최소한의 묘목 수다. 카본뉴트럴컴퍼니 홈페이지에는 "나무 한 그루만 사도 우리의 조림 파트너가 충분한 양의 묘목을 심고 관리해주기 때문에 5년마다 적어도 한 그루의 나무를 보장받을 수 있다"고 나온다.

13) 2003. "The Rolling Stones Gather No Gas as they come clean into Scotland(http://rollingstones.com/news/article.php?uid=103)."

14) 카본뉴트럴컴퍼니 홈페이지에서 인용.

15) D Biello. 2005. "Speaking For The Trees — Voluntary Markets Help Expand the Reach of Climate Efforts." *Environmental Finance*.

16) 같은 곳.

3. 나무 심기로 기후변화를 막을 수 있을까

1) A Jha. 2006. "Global Warming: Blame the Forests." *The Guardian*(http://guardian.co.uk/science/2006/jan/12/environment.climatechange).

2) A Jha. 2006. "Planting trees to save planet is pointless, say ecologists." *The Guardian*(http://guardian.co.uk/environment/2006/dec/15/ethicalliving.lifeandhealth).

3) D Adam. 2006. "Can planting trees really give you a clear carbon conscience?." *The Guardian*.

4) S Bond. 2006. "Energy Firm Rapped Over Carbon Offset

Claims." EDIE News Centre(http://edie.net/news/news_story.
asp?id=12114&channel=0#).

5) 카본뉴트럴컴퍼니 홈페이지 참조.

6) G Simmonds. 2003. Letter to the Editor, *The Sunday Telegraph*(http://
telegraph.co.uk/opinion/main.jhtml?xml=/opinion/2003/09/21/dt2105.
xml).

7) L Lohmann. 2006. "Carbon Trading: A Critical Conversation on
Climate Change, Privatisation and Power." *Development Dialogue* no.48.

8) 예를 들어 다음과 같은 자료를 참조한다.
2006. "Avoiding Dangerous Climate Change." edited by H J
Schellnhuber. *The Cambridge University Press*.

9) 2005. "Carbon Offset — No Magic Solution to Neutralise Fossil Fuel
Emissions." FERN Briefing Note(http://fern.org/sites/fern.org/files/
media/documents/document_884_885.pdf).

10) D Adam. 2006. "Can planting trees really give you a clear carbon
conscience?" *The Guardian*.

11) L Lohmann. 2006. "Trading: A Critical Conversation on Climate
Change, Privatisation and Power." *Development Dialogue* no.48.

12) 같은 곳.

13) M Grubb et al. 1999. "The Kyoto Protocol: A Guide and Assessment."
Royal Institute for International Affairs, London.

14) M Trexler. "A Statistically-driven Approach to Offset-Based GHG
Additionality Determinations: What Can We Learn?" *Sustainable
Development and Policy Journal*, forthcoming.

15) 2000. "Carbon Colonialism." *The Equity Watch Newsletter*.

16) L Lohmann. 2000. "The Carbon Shop — Planting New Problems." WRM Plantations Campaign Briefing No. 3.

17) J Randerson. 2005. "Tree Planting Projects May Not Be So Green." *The Guardian*(http://guardian.co.uk/environment/2005/dec/23/frontpagenews.climatechange).

18) P Granda. 2005. "Carbon Sink Plantations in the Ecuadorian Andes." Accion Ecologica(http://wrm.org.uy/countries/Ecuador/face.pdf)

19) 2002. "Evaluation report of V&M Florestal Ltda. and Plantar S.A. Reflorestamentos, both certified by FSC — Forest Stewardship Council." World Rainforest Movement(http://wrm.org.uy/countries/Brazil/fsc.html)

20) E Caruso and V B Reddy. 2005. "The Clean Development Mechanism: Issues for Adivisi Peoples in India." Forest People's Programme.

21) 카본뉴트럴컴퍼니 홈페이지(http://carbonneutral.com/project-portfolio) 참조.

22) 카본클리어 홈페이지(http://carbon-clear.com/projects.php?page=project_list) 참조.

23) 클라이미트케어 홈페이지(http://jpmorganclimatecare.com/projects/) 참조.

4. 개발도상국에서 진행된 세 가지 탄소 상쇄 프로젝트

1) 예를 들어 다음과 같은 자료를 참조한다.
"Encountering Development: The Making and Unmaking of the Third World" by A Escobar.

2) W. Bello. 2000. "Meltzer Report on Bretton Woods Twins Builds Case

for Abolition but Hesitates." *Focus on Trade* 48.

3) S Bond. 2006. "Carbon Credits Critiqued," Edie News Centre(http://edie.net/news/news_story.asp?id=11953&channel=0).

4) J Ferguson. 1994. "The Anti-Politics Machine: "Development, Depoliticization, and Bureaucratic Power in Lesotho". University of Minnesota Press.

5) L Lohmann. 2006. "Carbon Trading: A Critical Conversation on Climate Change, Privatisation and Power." *Development Dialogue* no.48.

6) D Hall and E Lobina. 2006. "Pipe Dreams." WDM and PSIRU(http://www.psiru.org/reports/2006-03-W-investment.pdf).

7) 2006. "The Rock Band Capitalist Tool For Cutting CO2." *Time Magazine*.

8) 카본뉴트럴컴퍼니 홈페이지(http://carbonneutral.com)에서 인용.

9) R Bayon. 2005. "From Ugandan Schoolteacher to International Carbon Consultant." *The Ecosystem Marketplace*(http://forestcarbonportal.com/article.php?item=23).

10) A Dhillon and T Harnden. 2006. "How Coldplay's green hopes died in the arid soil of India." *Sunday Telegraph*(http://telegraph.co.uk/news/worldnews/asia/india/1517031/How-Coldplays-green-hopes-died-in-the-arid-soil-of-India.html).

11) 같은 곳.

12) 같은 곳.

13) private correspondence.

14) A Dhillon and T Harnden. 2006. "How Coldplay's green hopes died in the arid soil of India." *Sunday Telegraph*.

15) 같은 곳.

16) S Dagar. 2006. "Money From Thin Air."

17) 같은 곳.

18) 클라이미트케어 홈페이지(http://jpmorganclimatecare.com)에서 인용.

19) 이 부분은 2006년 7월 《뉴인터내셔널리스트》에 처음 실린 기사를 바
    탕으로 보완하고 업데이트한 것이다. 전문은 아래에서 참고할 수 있다.
    "A funny place to store carbon: UWA-FACE Foundation's tree planting
    project in Mount Elgon National Park, Uganda." Chris Lang and
    Timothy Byakola. World Rainforest Movement(http://wrm.org.uy/
    countries/Uganda/Place_Store_Carbon.pdf).

20) 그린시트 홈페이지(http://www.greenseat.com) 참조.

21) 2006년 7월, 티모시 뱌콜라와 주타 킬이 우간다 음발레에서 알렉스
    무훼지와 한 인터뷰.

22) 2006년 5월, FACE 재단의 데니스 슬리커가 《뉴인터내셔널리스트》에
    실릴 "Uprooted" 기사 초안에 관해 이메일로 답변함.

23) 2004년 12월, 티모시 뱌콜라가 프레드 키자와 한 인터뷰.

24) 2004년 12월, 티모시 뱌콜라가 엘곤산에서 진행한 인터뷰.

25) 2006년 5월 15일, 크리스 랑(Chris Lang)이 FACE 재단 책임자 데니스
    슬리커와 한 전화 인터뷰. 직접 얘기하지는 않았지만, 슬리커는 "UWA-
    FACE 프로젝트의 FSC 인증 보고서 공개 요약본(Public Summary of
    its FSC Certification Report of the UWA-FACE project)"의 내용을 되
    풀이하고 있다. 본문을 인용하면 이렇다. "2000년 9월, 사회영향평가를
    실시했으며 사회영향평가서를 작성했다. 평가서에 따르면 지역 주민들
    은 국립공원 선정의 영향과 프로젝트의 영향을 명확히 구별하지 못했
    다. 추가 조사에서도 프로젝트가 유발한 중요한 사회적 영향은 발견되

195

지 않았다."

SGS. 2002. "Mount Elgon National Park Forest Certification Public Summary Report." SGS Forestry Qualifor Programme, Certificate number SGS-FM/COC- 0980, page 25(http://sgs.com/sgs-fm-0980. pdf).

26) Musoke, Cyprian. 2004. "MPs set demands on Elgon Park land." *New Vision*(http://newvision.co.ug/D/8/17/369170).

27) Wambedde, Nasur. 2002. "Evicted Wanale residents now live in caves, mosques." *New Vision*(http://newvision.co.ug/D/8/26/8796).

28) 2004년 12월, 티모시 뱌콜라가 코시아 마소로와 한 인터뷰.

29) SGS. 2002. page 9.

30) 2006년 5월 크리스 랑이 닐스 코탈 알테스와 한 전화 인터뷰.

31) Niels Korthals Altes (GreenSeat) and Denis Slieker (FACE Foundation). 2006. "Comments on a draft version of the article "Uprooted" for New Internationalist."

32) 같은 곳.

33) 같은 곳.

34) 2006년 5월, 크리스 랑이 데니스 슬리커와 한 전화 인터뷰.

35) Action Aid (no date) "Benet community in Kapchorwa win landmark case against land rights abuse." and Action Aid (no date) "Benet win land rights battle."

36) Wamanga, Arthur. 2004. "45 Mbale park 'encroachers' detained." *New Vision*(http://newvision.co.ug/D/8/13/337697).

37) 2006년 5월, 크리스 랑이 데니스 슬리커와 한 전화 인터뷰.

38) 2006년 5월에 크리스 랑이 루트 보스그라프(Press Officer Amnesty

International Dutch Section)한테 받은 이메일 답변.

39) 2006년 5월에 톰 모튼한테 받은 이메일 답변.

40) 2004년 클라이미트케어 연례 보고서.

41) 2006년 5월에 찰스 마르티누스(Charles Marthinus, Director of Innovate Energy Projects)와 한 인터뷰.

42) 2006년 5월에 구굴레투에서 에너지 효율 전구를 받은 사람과 한 인터뷰.

43) 아스말 참조.

44) 2006년 5월, 디터 홀름 교수와 한 인터뷰.

45) 디터 홀름 교수 참조.

46) 2006년 5월, 구굴레투 주민과 한 인터뷰.

47) 2004년 클라이미트케어 연례 보고서.

5. 스타 마케팅과 기후변화

1) T Meyer. 2002. "Media Democracy: How the Media Colonise Politics." Polity.

2) See RJ Butler, BW Cowan and S Nilsson. 2005. "From Obscurity to Bestseller: Examining the Impact of Oprah's Book Club Selections." *Publishing Research* Quarterly 2005, 20(3):23~34.

3) J Agrawal, and W Kamakura. 1995. "The Economic Worth of Celebrity Endorsers: An Event Study Analysis." *Journal of Marketing* 1995, 59(3):56~62.

4) G McCracken. 1989. "Who Is the Celebrity Endorser? Cultural Foundations of the Endorsement Process." *Journal of Consumer Research* 1989, 16(3):310~21.

5) D Jackson and T Darrow. 2005. "The Influence of Celebrity Endorsements on Young Adults' Political Opinions." *The Haravard International Journal of Press/Politics* 2005, 10:80~98.

6) P David Marshall. 1997. "Celebrity and Power: Fame in Contemporary Culture." Minnesota; on individualisation within contemporary society more generally, see Zygmunt Bauman. 2001. "The Individualized Society." Polity.

7) P Bond, D Brutus, V Setshedi. 2005. "Average White Band." *Red Pepper*.

8) S Hodkinson. 2005. "G8, Africa Nil." *Red Pepper*(http://redpepper.org. uk/G8-Africa-nil).

9) S Hodkinson. 2005. Geldof 8 - Africa nil: how rock stars betrayed the poor." *Z Magazine*(http://newint.org/features/geldof-8/9-11-05.htm).

10) I Shivji. 2005. "Making poverty history or understanding the history of poverty." *Pambazuka News*(http://pambazuka.org/en/category/ comment/29009).

11) S Hodkinson. 2005. "G8, Africa Nil." *Red Pepper*(http://redpepper.org. uk/G8-Africa-nil).

12) O Reyes. 2005. "They Owe It All To Their Fans." *Red Pepper*(http:// redpepper.org.uk/They-owe-it-all-to-their-fans).
최근 로이는 논쟁을 구체화하는 수단으로 스타 마케팅을 오용하는 것에 관한 비판의 수위를 높이고 있다. "나는 간디의 열렬한 팬이 아니다. 결국 간디는 슈퍼스타였다. 간디가 단식 투쟁에 들어갔을 때, 간디는 단식 투쟁장에서 슈퍼스타였다. 그러나 나는 정치에서 슈퍼스타를 믿지 않는다. 만약 빈민가의 사람들이 단식 투쟁 중이라면 아무도 상관하지 않을 것이다." R Ramesh. 2007. "Live to tell." *The Guardian*.

13) 2006년 필립 풀먼 홈페이지(http://philip-pullman.com)에서 참조.

14) http://southcentralfarmers.org 참조.

15) 2003년 Amazon Watch 보도자료(http://texacorainforest.org/trialofcentury.htm).

16) 매튜 허버트 홈페이지(http://matthewherbert.net) 참조.

17) 로버트 뉴먼 홈페이지(http://robnewman.com) 참조.

6. 기후변화에 대응하는 건설적인 대안들

1) H Osborne. 2007. "New standards will raise carbon offset costs." *The Guardian*(http://guardian.co.uk/money/2007/jan/18/consumernews.greenpolitics).

2) 같은 곳.

3) F Harvey. 2007. "Billions lost in Kyoto carbon trade loophole." *The Financial Times*.

4) P Bond and R Dada (eds). 2005. *Trouble in the Air Global - Warming and the Privatised Atmosphere*, Centre for Civil Society (South Africa) and Transnational Institute.

5) www.gotoalexanders.co.uk 참조.

6) 같은 곳.

7) 같은 곳.

8) From private correspondence.

9) From private correspondence.

10) www.palangthai.org 참조.

11) "수요관리는 피크 시간대의 전력수요를 억제하거나 분산하는 행동처럼 최종 소비자의 에너지 소비량이나 소비 형태에 영향을 미친다. 피크

시간대의 전력수요관리가 반드시 총 에너지 소비량을 줄여주는 것은 아니지만 네트워크와 발전시설 투자를 줄일 수 있을 것으로 기대된다." 위키디피아(http://en.wikipedia.org/wiki/Energy_demand_management) 참조.

12) "열병합발전은 열기관이나 발전기를 사용해 열과 전기를 동시에 생산하는 방식이다. 이것은 열역학적으로 연료를 가장 효율적으로 사용할 수 있는 방법이다. 전기만 생산한다면 폐열로 손실되는 일부 에너지의 손실을 막을 수 없고, 열만 생산한다면 질 좋은 에너지(전기)를 잃게 될 것이다." 위키디피아(http://en.wikipedia.org/wiki/Cogeneration) 참조.

13) www.palangthai.org/en/bget, www.palangthai.org/en/about 참조.

14) 2005.. "Gas Flaring in Nigeria: A Human Rights, Environmental and Economic Monstrosity." A report by the Climate Justice Programme and Environmental Rights Action/Friends of the Earth Nigeria(http://foe.co.uk/resource/reports/gas_flaring_nigeria.pdf).

15) L Brownhill and T Turner. 2006. "Climate Change and Nigerian Women's Gift to Humanity."

16) 같은 곳.

17) 같은 곳.

18) L Lohmann. 2006. Carbon Trading: *A Critical Conversation on Climate Change, Privatisation and Power*. Development Dialogue no.48.

바람 중립^{Cheat Neutral} — 가상의 상쇄 홈페이지(http://cheatneutral.com)
"당신이 파트너를 옆에 두고 바람을 피울 때마다 우리 주위의 비통, 고
통, 질투의 수치는 높아진다. '바람 중립'은 바람을 피우지 않은 정숙한
사람에게 일정 금액을 기부하는 것으로 당신이 피운 바람을 상쇄해준
다. 이것이 고통과 불행한 감정을 중(립)화해주고 당신의 양심을 떳떳하
게 해줄 것이다."

Chris Lang and Timothy Byakola. 2007. ""A funny place to store carbon":
    UWA-FACE Foundation's tree planting project in Mount Elgon
    National Park, Uganda." The World Rainforest Movement(http://wrm.
    org.uy/countries/Uganda/book.html).

Larry Lohmann. 2006. "Carbon Trading: A Critical Conversation on
    Climate Change, Privatisation and Power," Development Dialogue no.48,
    Dag Hammarskjold Foundation(http://www.thecornerhouse.org.uk/pdf/
    document/carbonDDlow.pdf).

Leigh Brownhill and Terisa E. Turner. 2006. "Nigerian Commoners Gifts
    to Humanity: Climate Justice and the Abuja Declaration for Energy
    Sovereignty." paper presented, under the title. "Ecofeminist Action
    to Stop Climate Change." at the International Society for Ecological
    Economics (ISEE) Ninth Biennial Conference. "Ecological Sustainability
    and Human Well-Being." in Delhi, India(http://carbontradewatch.org/
    news/0612_nigerian_commoners_gifts_to_humanity.html).

Patrick Bond and Rehana Dada (eds). 2005. 'Trouble in the Air Global —

Warming and the Privatised Atmosphere.' Centre for Civil Society and Transnational Institute(http://tni.org/books/troubleintheair.htm).

The July 2006 issue of the New Internationalist magazine on carbon offsets(http://newint.org/issues/2006/07/01).

공동 이행 제도 Joint Implementation, JI

공동 이행 제도는 교토 의정서 6조에 규정된 것으로, 선진국인 A국이 선진국인 B국에 투자해 발생된 온실가스 감축분의 일정분을 A국의 배출 저감 실적으로 인정하는 제도다. 따라서 공동 이행 제도로 얻은 감축량의 일부를 투자국의 감축량을 채우는 데 쓸 수 있게 되는 것이다. 감축량을 중복 계산하는 것을 피하려고 투자국의 감축량으로 반영된 양은 투자 유치국의 감축량에서 제외한다.

그린워시 greenwash

환경이라는 뜻의 그린green과 겉치레라는 뜻의 화이트워시whitewash를 합친 말로, 기업이 실제로 환경에 나쁜 영향을 끼치거나 환경 보호에 아무런 노력도 기울이지 않으면서 친환경 이미지를 내세워 기업 이미지를 좋게 포장하는 행위다.

베이스라인 baseline

기후변화를 늦추려는 어떤 조치도 하지 않았을 경우의 온실가스 배출량. 경제 성장률, 에너지 사용 증가율, 에너지 효율 개선과 에너지 절약 등의 요인에 따라 증가하거나 감소하거나 일정한 추세를 보인다. 특히 공동 이행 제도, 청정 개발 체제 프로젝트 수행 결과가 추가된 점이라는 것을 증명하려면 프로젝트 이행 전의 베이스라인이 결정되어야 한다.

생태 부채 ecological debt

북반구의 산업 국가가 남반구 국가에 진 빚, 즉 식민지 시대부터 지금까지 계속되고 있는 자원 수탈, 환경 파괴, 환경 공간을 온실가스와 유독성 폐기물 처리 공간으로 무단 사용하는 것에 대한 빚을 말한다. 북반구 국가가 지구의 환경을 남용하고, 생태적 한계를 고려하지 않은 발전 모델을 추구하며 지속 불가능한 형태의 자원 채취를 하고 있으므로, 북반구 국가는 남반구 국가에 대한 생태 부채를 이행할 책임과 의무가 있다.

석유 생산 정점 peak oil

석유 생산량이 기하급수적으로 늘었다가 특정 시점을 정점으로 급격히 줄어드는 현상이다. 석유 소비의 급증보다 새로운 유전 발견이 부진하거나, 정유 시설의 미흡한 투자, 전쟁 등으로 석유 생산이 한계에 부딪혔을 때 나타난다. 즉 석유 생산 정점은 석유 매장량이 아니라 석유의 채굴 여부와 관련이 있다. 석유 생산이 최고에 이르는 지점은 석유 생산이 더는 늘어나지 않는 지점이 된다.

신식민주의

2차 대전 뒤에 생긴 새로운 형식의 식민지 지배 형태다. 형식적으로는 신흥국의 독립을 인정하면서, 정치적·경제적·사회적·군사적·기술적인 면에서 간접적으로 교묘하게 지배한다.

신자유주의

국가 권력의 시장 개입을 비판하고 시장의 기능과 민간의 자유로운 활동을 중시하는 이론이다. 1970년대부터 케인스 이론을 도입한 수정자본주의의 실패를 지적하고 경제적 자유방임주의를 주장하면서 본격적으로 대두되었다.

유럽 배출권거래제 European Emissions Trading Scheme

교토 의정서 발효에 맞춰 2005년 시행에 들어간 범유럽 온실가스 배출
거래제다. 이 거래제는 세계 최초이자 가장 규모가 큰 다국적 배출거래
시스템이다.

자연발생 잉여배출권 Hot Air

의무 이행 당사국 안에서 발생하는 자연 감축량을 가리킨다. 의무 감축
을 해야 하는 선진국 중에서 러시아나 시장경제 전환 국가, 그리고 동독
등은 경제 상황 변화 때문에 의무 이행 기준 연도인 1990년보다 온실가
스 자연 감축량이 꽤 많이 있는 것으로 알려져 있다. 그래서 배출권 시
장에 특별한 노력을 들이지 않고 줄어든 배출권이 쇄도하고, 여기서 쉽
게 감축량을 사려는 국가들이 생길까봐 염려되고 있다.

적정기술

제3세계로 직수입된 근대 과학 기술이 그 나라의 근대화에 기여하기보
다 인적·물적 환경을 파괴한 것에 대한 반성에서, 새로이 자립 경제의
관점에서 모색된 기술 개념이다. 이것은 한 사회의 환경·윤리·문화·사
회·환경적인 측면을 고려해 고안된 기술로, 보통 적은 자원으로 제작
할 수 있고, 유지·관리가 쉬우며 값이 싸고 환경에 나쁜 영향을 적게 미
치는 기술이다. 주로 개발도상국이나 산업국가의 농촌 지역에서 활용하
기에 적합하게 만들어진다.

정의로운 전환 Just Transition

공정하고 지속 가능한 저탄소 경제로 전환하는 과정도 정의로워야 한다. 에너지와 기후 위기에 대응하는 전환 과정에서 참아야 할 고통이 일부 노동자나 사회 약자층에 전가되지 않게 사회적인 틀의 전환 설계가 필요하다는 개념이다. 에너지정치센터(www.enerpol.net)에서 한국의 정의로운 전환에 관한 연구를 많이 하고 있다.

지구 온도 상승 임계점

지구의 기후와 환경, 서식 생물에게 돌이킬 수 없는 연쇄 반응을 초래할 기온 상승의 한계점을 말한다. 대부분의 과학자들은 지구 표면 온도가 평균 2도 상승하는 것을 재앙의 임계점으로 잡고 있다. 기온이 섭씨 2도 상승할 경우 그린란드의 대빙원과 북극해 빙하의 해빙이 증가되고, 이렇게 되면 해수면이 상승할 뿐만 아니라 빙하가 없어짐으로써 이 지역의 태양열 반사가 중단되어 대기 온도가 계속 상승하는 결과를 낳게 된다는 것이다. 그러면 더 광범위한 해빙이 진행되고 홍수와 가뭄, 해저에서 유독 가스 대량 배출, 동·식물종의 대량 멸종 등의 자연재해가 연쇄적으로 일어나게 된다는 것이다.

청정 개발 체제 Clean Development Mechanism

청정 개발 체제 사업은 교토 의정서 12조에 규정된 것이다. 선진국인 A국이 개발도상국 B국에 투자해 발생한 온실가스 배출 감축분을 자국의 감축 실적에 반영할 수 있게 해, 선진국은 효과적인 비용으로 온실가스를 줄이고, 개발도상국은 기술적·경제적 지원을 얻는 제도를 가리킨다.

추가성 additionality

교토 의정서에서 공동 이행 제도, 청정 개발 체제 프로젝트 이행에 따른
온실가스 감축분이 그 프로젝트를 수행하지 않았을 때, 자연적인 감축
분보다 더 많은 추가 감축 효과를 가져와야 한다는 전제 조건이다.

탄소 상쇄 carbon offsets

어떤 활동으로 발생하는 온실가스에 상응하는 수준의 비용을 치르거나
감축 활동을 해서 이것을 상쇄하는 것을 말한다. 감축 프로젝트에 직접
투자하거나 감축 프로젝트로 발행되는 배출권을 사서 배출되는 이산화
탄소를 상쇄할 수 있다.

탄소 순환 carbon cycle

탄소가 대기 중에서는 이산화탄소로, 지각 안에서는 석유나 석탄 그리
고 탄산칼슘으로, 해수 중에서는 탄산 이온으로, 생태계에서는 고분자
화합물 등으로 존재하면서 대기·해수·지각 생태계를 순환하는 것을
가리킨다.

탄소 중립 carbon neutral

이산화탄소 순 배출량이 0이 됐을 때를 말한다. 즉 배출되는 이산화탄
소를 모두 상쇄해 배출량과 상쇄량이 정확히 일치하는 경우를 탄소 중
립이라고 한다.

탄소 흡수원 carbon sinks

교토 의정서에 따르면 선진국들은 배출을 줄이는 방법으로, 토양이나
숲을 이용해 온실가스를 줄일 수 있게 되어 있다. 흡수원의 효과를 측정

하는 것은 방법이 꽤 복잡하기 때문에 좀더 명료해질 필요가 있다. 흡수원의 기본 원리는 식물이 자라면서 대기 중에서 이산화탄소를 흡수할 거라는 가정이다. 특히 산림 흡수원은 이산화탄소를 줄인다기보다는 잠시 탄소를 고정하는 것일 뿐이며, 자라나는 산림이 아닌 경우에는 그 양도 많지 않다. 또 산림을 이용하는 과정에서 고정되어 있던 이산화탄소는 다시 공기 중으로 나오게 된다. 산림 보호는 무척 중요한 일이지만, 생물종 다양성과 생태계 보전 차원에서 접근해야 할 문제이지 기후 변화 대응책으로만 접근할 문제는 아니다.

평소와 다름없는 business as usual, BAU

온실가스를 줄이려고 아무런 행동도 하지 않을 경우 예상되는 온실가스 배출 전망치다.

피드백 루프 feedback loops

기후 피드백. 기후 시스템에 존재하는 각 과정들 사이에서 최초 과정의 결과가 두 번째 과정에 변화를 촉발하고 이 과정이 다시 최초의 과정에 영향을 미치게 될 때, 이런 상호 작용 메커니즘을 기후 피드백이라고 부른다. 양의 피드백은 원래의 과정을 증폭시키는 것을, 음의 피드백은 감소시키는 것을 말한다.